Foundation of Calculus Learning from Ancient and Modern Classics

古典的名著に学ぶ
微積分の基礎

高瀬正仁 著

共立出版

まえがき 「微積分の基礎」とは何か

　微分積分学の歴史は古く，西欧近代の数学がいよいよ大きな盛り上がりを見せようとする黎明の時代にさかのぼります．主要な担い手の名を回想すると，17世紀のデカルトとフェルマに始まり，ライプニッツ，ベルヌーイ兄弟（兄のヤコブと弟のヨハン）と続き，オイラー，ラグランジュにいたります．19世紀に入ると格段に人が増えて，コーシー，フーリエ，ディリクレ，リーマン，ヴァイエルシュトラス，カントール，デデキントなど，数学史上に名高い人びとの名が連綿と連なっています．

　17世紀のはじめから19世紀の終り掛けのころまで，略々300年の間に微積分の姿はさまざまに変容を重ねましたが，19世紀のはじめのコーシーからカントール，デデキントへといたる系譜を観察すると，一段と際立った傾向が目に映じます．それは微積分の基礎に寄せる関心の高まりのことで，ひとくちに「微積分の厳密化」と呼ばれています．関数とは何か，数とは何か，無限級数の収束とは何か，微分とは何か，積分とは何かなどなど，今日の微積分の基礎理論を構成するあれこれに省察が加えられ，諸概念の定義が考案され，相互関連を明らかにしようとする試みが続きました．

　厳密化という考え方はもっぱら論理的な意味合いで語られていて，個々の概念について論理的に遺漏のない定義の文言がさまざまに工夫されました．たとえば，実数の概念規定を顧みても，デデキントは「有理数の切断」といい，カントールは「有理数のコーシー列」といいました．ほかにもいろいろな表現が可能ですが，それらはみな「実数の連続性」に寄せて共有されている同一の実在感の纏うさまざまな衣裳にほかなりません．このあたりの消息に関連して，ポアンカレは

　　定義は論理的には正しい．しかし生徒に真の現実を示しはしないで
　　あろう．（『科学と方法』，岩波文庫）

と不思議な言葉を語っています．この訳文は著作『零の発見』（岩波新書）で知られる吉田洋一先生によるものですが，「真の現実」の原語は la réalité véritable（ラ・レアリテ・ヴェリタブル）ですから，「真の実在」という訳語をあてるほうが適切なのではないかと思います．また，ポアンカレは学校での数学教育を想定して語っているので「生徒」と言っているのですが，広く「数学を学ぶ者」を指すと理解してさしつかえありません．

　実数の定義を書こうとする場面を想定すると，デデキントもカントールも実数の連続性という「真の実在」を感知して強固な実在感を抱き，その感受性を言い表すのに相応しい言葉を探索したのでした．論理の厳密さを追い求めるのは別段，悪いことではなく，そうすることにより新たに得られた知見もたしかにありますが，他方，諸定義の文言そのものから出発すると「真の実在」と論理が乖離しがちになり，数学の泉が視圏から消失してしまいます．厳密性を求める心情に起因して，支払うことを余儀なくされる高価な代償というほかはありません．

　あるいはまた，関数の連続性の定義に際し，今日では「ε-δ（イプシロン＝デルタ）論法」と呼ばれる様式による表記が普及していますが，これによると連続性はわずかに二つの不等式に還元されます．これはこれで連続性の表現様式のひとつですし，論理的に見て問題があるわけではありませんが，連続性それ自体という真の実在がこれによって表現され尽くしたとも言えません．あくまでも表現様式のひとつです．

　将棋九段金子金五郎先生は

　　定跡は歴史である．

という言葉を遺しました．定跡は論理的に構築された指し手の系列ではありません．次の一手をどのように指すべきかという局面に際会し，過去の幾多の棋士たちのひとりひとりの思いが多種多様な指し手となって具体的に現れて，絶えず修正を受けながら積み重ねられて定跡が形成されていくのですから，ひとつの定跡にはおびただしい人のこころが反映しています．その情景がそのまま「歴史」であると，金子九段は言うのです．

　多変数関数論の形成に大きく寄与した岡潔先生は，

　　定義が次第に変っていくのは，それが研究の姿である．

という，感銘の深い言葉をある日の研究記録の一隅に書き留めました．岡先生の心のカンバスに，不定域イデアルという，多変数関数論の転換点を形作ることになる観念に寄せて強固な実在感が芽生えていた時期のことで，感知された何ものかに言葉の衣裳を纏わせようとして腐心する日々の消息をありありと今に伝えるひとことです．

　将棋の定跡が歴史であるように，数学における定義もまた歴史です．実数や連続性を語ろうとする定義の文言には，実数や連続性に寄せるさまざまな人びとの実在感が投影され，集積されています．これまでも変容を重ねてきましたし，これからも変容を繰り返していくに違いありません．それゆえ，数学を学ぶ際には現在行われている「定義から」出発するのではなく，「定義にいたるまで」の歴史的経緯を回想し，定義の表明に向けて苦闘した人びとの心情に共鳴し，共感することをめざしたいと思います．共鳴と共感の場を覆う揺るぎない実在感こそ，微積分の真実の基礎であり，厳密であったりなかったりする論理の網の目の根底に位置を占めて，微積分の世界全体を力強く支えています．

　微積分の基礎を叙述する内外のテキストはおびただしい数にのぼりますが，日本語の文献では高木貞治先生の著作『解析概論』と藤原松三郎先生の著作『数学解析第一編　微分積分学』が際立って重い位置を占めています．昭和のはじめにほぼ同時期に刊行され，どちらもそれぞれの著者ならではの個性にあふれています．そこで本書では高木先生の『解析概論』を軸にして説き進め，藤原先生の『数学解析』を適宜参照し，両著作の周辺に西欧近代の数学史に現れた古典的名著の数々を自由に散りばめて微積分の基礎を語りたいと思います．論理的厳密性の根底に横たわる数学的実在感を，数学を創った人びとと共有しうる一助となるよう，心から願っています．

群馬県みどり市にて
高瀬正仁

目　次

まえがき iii

第 1 章　微積分の名著と古典　1
1　二つの名著：高木貞治『解析概論』と藤原松三郎『数学解析』.　1
高木貞治『解析概論』のいろいろ 1
目次をもう少し 3
成立の経緯など 4
藤原松三郎『数学解析』 5
2　古典の世界 8
解析概論の系譜 8
古典のいろいろ 14

第 2 章　実数の創造と実数の連続性　18
1　無理数を創る 18
有理数ではない実数とは 18
デデキントの切断 20
実数直線 21
単調な有界数列は収束する 23
数を語る言葉を求めて 25
直線の連続性 27
実数の連続性を支えるもの 28
無理数を創る 30
『解析概論』の「附録 1　無理数論」について 31
2　実数のいろいろ 32
厳密性を求める心 32

	得られたものと失われたもの	33
	上界と上限，下界と下限	34
	数列の極限の表記法	37
	日常語を離れる理由	39
	単調に増大する有界な変化量は収束する	41
	極限と無限大数	43
	区間縮小法	44
	区間縮小法からデデキントの定理を導く	45
	アルキメデスの原則	47
	実数の連続性のいろいろな表現	48
	実数の連続性のもうひとつの表現	49
	有理数のコーシー列で実数を創る	51
	コーシー列の由来	53
	コーシー以前の無限級数	54
	ポアンカレの言葉 (1)：厳密な数学と厳密ではない数学	57
	ポアンカレの言葉 (2)：厳密性の確保と客観性の喪失	60
3	微積分の厳密化とは	62
	変数と変化量	62
	変数の関数	65
	変化しない変数	67
	連続関数とイプシロン＝デルタ論法	69
	不等式の力	71
	砲弾の軌跡	73
	論理と実在	74
	ペアノ曲線	76
	中間値の定理	78
	中間値の定理の証明	80
	連続関数の最大値と最小値	81
	微積分の厳密化とは	84

第3章　昔の微積分と今の微積分　　86

1	0を0で割る	86

	微分商と微分係数	86
	「0 を 0 で割る」から「限りなく近づく」へ	88
	関数のグラフとその接線	90
	微分商の合理化に向う	92
	「微分」の導入の真意とは	94
	曲線の長さとピタゴラスの定理	95
	曲線と折れ線	98
2	変化量の微分と関数の微分	100
	ロールの定理と平均値の定理	100
	連続関数の微分可能性	102
	フーリエの宣言と厳密な微積分	104
	微分の微分	106
	独立変数とは何か	108
	等式 $\dfrac{d^2y}{dx^2} = f''(x)$ が成立しない例	109
3	フーリエ解析のはじまり	110
	フーリエの著作『熱の解析的理論』	110
	関数と曲線	111
	フーリエからディリクレへ	114
	フーリエ級数の係数と定積分	115
4	不定積分から定積分へ	117
	求積法と積分法	117
	原始関数の一覧表	120
	連続関数の桃源郷	124
	連続関数の定積分	125
	外の世界へ	127
	原始関数と不定積分	129
	「連続関数の世界」の再構成	132
	リーマン積分とルベーグ積分	135
	面積と定積分	138
	「連続函数以外では，微分積分法はむずかしい！」	140

第4章 「玲瓏なる境地」をめざして　　142

1　「関数」の定義を求めて　　142
還元不能の3次方程式　　142
ゼロより大きくもなく，ゼロより小さくもなく，ゼロに等しくもないものとは　　145
ヨハン・ベルヌーイの美しい発見　　147
対数のパラドックスのいろいろ　　154
対数のパラドックスのいろいろ（続）　　156
超越関数 $y=(-1)^x$　　157
複素解析の誕生：1745年　　159
複素変数の立場から実変数を統制する　　162
正則な解析関数　　164
複素変数関数の「コーシーの和」　　165
解析関数の正則性とは　　168
正則関数と解析関数　　169

2　初等超越関数の解析性　　171
指数関数と三角関数　　171
有理式の積分関数の逆関数(1)：指数関数　　172
有理式の積分関数の逆関数(2)：正弦関数　　174
オイラーの等式　　177
玲瓏なる境地　　178

3　解析的延長（解析接続）　　179
「正則性」と「解析性」をめぐって　　179
解析的延長（解析接続）　　181
自然境界と正則領域　　182
単性解析関数　　183
複素対数関数再論　　185
ガウスのアイデアによれば　　186
解析関数を局所的に見る　　188
有理型関数　　190
解析関数の分岐点　　191
正則領域と有理型領域　　192

あとがき	195
索　引	197

【凡例】

一．高木貞治先生の著作『解析概論』にはいろいろな版が存在しますが，本書では『定本 解析概論』をテキストにしました．単に『解析概論』といえば『定本 解析概論』を指しています．

　『解析概論』では人名は Cauchy, Riemann などというように原語で表記されていますが，本書では片仮名に直してコーシー，リーマンというように表記して引用しました．

二．藤原松三郎先生の著作『数学解析第一編　微分積分学』（全 2 巻）は，地の文は片仮名，人名は平仮名で表記されていますが，最近になって，現在行われている表記にあらためた改訂新編『微分積分学─数学解析第一編』（全 2 巻．編著：浦川肇，高木泉，藤原毅夫．内田老鶴圃．第 1 巻は 2016 年，第 2 巻は 2017 年刊行）が刊行されました．本書では引用にあたってこの改訂新編を参照しました．

三．高木貞治先生の著作『近世数学史談』にもいろいろな版が存在しますが，本書で参照したテキストは 1970 年に出版された共立全書（共立出版）の 1 冊です．

四．コーシーの『解析教程』には邦訳書『コーシー解析教程』（訳：西村重人，監訳：高瀬正仁．みみずく舎．2011 年）が存在します．本書ではこの翻訳書を参照しました．

五．オイラーの『無限解析序説』（全 2 巻）にも邦訳書が存在します．
　『オイラーの無限解析』（第 1 巻の翻訳書．訳：高瀬正仁．海鳴社．2001 年）
　『オイラーの解析幾何』（第 2 巻の翻訳書．訳：高瀬正仁．海鳴社．2005 年）
　本書ではこの邦訳書を参照しました．

六．デデキントの 2 冊の著作『連続性と無理数』，『数とは何か，何であるべきか』については，邦訳書『数について─連続性と数の本質』（訳：河野伊三郎，岩波文庫，1961 年）を参照しました．

七．ポアンカレの言葉はエッセイ集『科学と方法』（訳：吉田洋一，岩波文庫，1953 年）から引きました．

八．コーシーの『解析教程』とオイラーの『無限解析序説』以外の古典（著作と論文）については，参照にあたって直接原典を参照し，必要に応じて適宜訳出しました．

第1章
微積分の名著と古典

1　二つの名著：高木貞治『解析概論』と藤原松三郎『数学解析』

高木貞治『解析概論』のいろいろ

高木先生の『解析概論』にはいろいろな版が存在します．はじめて入手したのは昭和43年の秋のことですが，それは

　　『解析概論 改訂第3版』

でした．「改訂第3版」の第1刷の発行日は1961年（昭和36年）5月27日です．第3版に先立って初版と第2版が存在します．初版の書名をそのまま再現すると，

　　『解析概論 微分積分法及初等函數論』

図 1.1　『解析概論』初版および増補版．

肖像 1.1 高木貞治

となります．今日の表記法では「函數」は「関数」ですが，「函」という字が使われています．初版第 1 刷の発行日は昭和 13 年（1938 年）5 月 10 日です．全部で 8 個の章で編成されていますが，章題のみを挙げると次のとおりです．

第 1 章 基本的な概念
第 2 章 微分法
第 3 章 積分法
第 4 章 無限級数 一様収束
第 5 章 解析関数とくに初等関数
第 6 章 フーリエ式展開
第 7 章 微分法の続き（陰伏関数）
第 8 章 積分法（多変数）

この初版の巻頭にも定理の一覧表が配置されていますが，そこに見られる定理の個数は 76 個です．第 3 版の 122 個と比べるとずいぶん少ないのでいくぶん奇妙な印象を受けますが，第 3 版では

第 9 章 ルベーグ積分

が増補されたことがその理由のひとつです．ただし，第 8 章までは初版と同じ章立てであるにもかかわらず，ここまでの定理の総数は 80 個ですから，初

版と比べて 4 個増えていて，内容がいくぶん変化した様子がうかがわれます．
　第 9 章が増補されたのは第 2 版からです．第 2 版の書名は初版と同じですが，「増訂」の一語が添えられて，

　　『増訂 解析概論　微分積分法及初等函數論』

となっています．初版の「函數」の「函」の字が「函」に変っています．第 2 版の発行日は昭和 18 年（1943 年）7 月 15 日．一覧表に記載されている定理は全部で 119 個で，第 3 版よりも 3 個少なくなっています．第 8 章までで 80 個になり，この点は第 3 版と同じですから，第 9 章で紹介される定理が第 3 版では 3 個増えたことになります．増補された第 9 章の章題は，平仮名で

　　るべっく積分

と表記されています．
　手元に 2 冊の第 2 版があります．ひとつは昭和 18 年発行の第 1 刷．もうひとつは昭和 34 年（1959 年）8 月 25 日発行の第 22 刷です．多くの読者に歓迎された様子がうかがわれますが，昭和 34 年といえば高木先生が亡くなる前年のことになります．高木先生は翌昭和 35 年 2 月 28 日に亡くなりましたが，没後，第 2 版に多少の手が加えられて「改訂第 3 版」が成立しました．第 3 版には表紙をソフトカバーにした軽装版も存在します．
　平成 22 年（2010 年）は高木先生の没後 50 年の節目の年ですが，この年，

　　『定本 解析概論』

が刊行されました．軽装版の第 3 版と比べると，巻末に黒田成俊先生により

　　補遺　いたるところ微分不可能な連続関数について

が附せられところだけが異なっています．

目次をもう少し

『解析概論』の本文の目次はこれまでのところで紹介したとおりですが，改訂第 3 版を見ると，本文の前方に

　改訂第三版 序文
　増訂第二版 序文
　第一版 緒言

という三つの序言が配置され，本文の後方には，

　　附録 (I)　　無理数論
　　附録 (II)　　二，三の特異な曲線
　　年表
　　事項索引
　　人名索引

が添えられています．『定本 解析概論』になると，これに「補遺」が加えられました．初版，第 2 版，第 3 版，定本と版を重ねるにつれて，『解析概論』の姿は少しずつ変化しています．各章の章末に「練習問題」が並んでいるのですが，それもまた不変というわけではなく，問題が差し替えられています．

成立の経緯など

　高木先生が亡くなられてからしばらくして『追想 高木貞治先生』という本が刊行されました．高木先生のお弟子筋の数学者たちや高木先生にゆかりの方々が寄せたエッセイを集めた本で，編集発行は「高木貞治先生生誕百年記念会」．昭和 61 年に刊行されました．その中に森繁雄先生の「書物は手許に」というエッセイがあり，『解析概論』の成立の経緯の一端を示す興味深いエピソードが記されています．

　昭和初期，というのは昭和 7 年 11 月から昭和 10 年 8 月にかけてのことですが，岩波書店の岩波茂雄の発案で岩波講座「数学」が企画されました．森先生は編集事務のお手伝いをしていたのですが，そのころフランスの数学者エドゥアール・グルサの著作『解析教程』を全訳したといって，その翻訳稿を岩波書店に持ち込んだ人がいました．藤岡茂という人で，出版を望んだのですが，岩波書店では，どの程度の翻訳なのか，出版の是非を判断したいので諸先生の意見をうかがってほしいと森先生に依頼しました．そこで森先生が講座の打ち合わせの席でこの話を披露したところ，高木先生が，「最早，我々の手で適切な解析の書物を作り上げる時に来ているのではないか」（『追想 高木貞治先生』）という趣旨の発言をしたというのです．岩波茂雄がこれを受けて，「先生が，この気概をお持ちなのに，お若い方が学ばなければ」（同上）と言い添えたというのが森先生の伝える一場のエピソードです．

　岩波書店に持ち込まれたグルサの翻訳は岩波書店からは出版にいたりませ

んでしたが，後年，別の出版社から刊行されました．『解析原論』という本で，昭和19年（1944年）2月刊行．出版社は文進堂．全4巻という浩瀚（こうかん）な書物です．

　岩波講座「数学」には高木先生本人が「解析概論」という表題を立てて，何回かに分けて執筆を続けました．グルサの翻訳原稿に直接影響を受けて執筆されたのかどうかは定かではありませんが，おそらく高木先生は高木先生で独自に解析概論の執筆を企画していたところ，たまたま時期を同じくしてグルサの翻訳が持ち込まれたということではないかと思います．戦前の日本の大学の数学科ではグルサの『解析教程』は非常に有名で，同じフランスの数学者エミール・ピカールの著作『解析概論』とともに，微積分を学ぶ際の定番のテキストになっていました．翻訳した人が現れたのもそのような背景があったからなのですが，グルサやピカールのようなヨーロッパの著名な数学者が書いた権威あるテキストの翻訳ではなく，日本の学生のためのテキストは日本人の手で書くのだというほどの気概が，高木先生には確かにありました．

　19世紀と20世紀の境目のころ，ピカールの『解析概論』，グルサの『解析教程』，ジョルダンの『解析教程』などが刊行されています．どれも全3巻で，各巻500頁程度という大きな著作です．大正の末期，岡潔先生が京大の学生のころ，数学教室にピカールの『解析概論』とグルサの『解析教程』が揃えてあり，数学科の学生はどちらかを読まなければならないという不文律があったということでした．岡先生の回想によると学生時代にはどちらも読んだという気配はなく，卒業後，独学で急いでフランス語を読めるようにして，ともあれピカールの『解析概論』の方を読み上げたということです．

　ピカールの『解析概論』の原書名は *Traité d'analyse*（トレテダナリーズ）で，グルサの *Cours d'analyse*（クールダナリーズ）と区別して，Traité には「概論」，Cours には「教程」という訳語をあてることにしました．

藤原松三郎『数学解析』

　高木先生の『解析概論』の刊行に前後して，微分積分学をテーマとするもうひとつの大きな作品が現れました．それは藤原松三郎先生の著作

　　『数学解析第一編　微分積分学』（全2巻，内田老鶴圃．第1巻は

第 1 章 微積分の名著と古典

肖像 1.2 藤原松三郎

図 1.2 『数学解析第一編 微分積分学』第一巻および第二巻.

昭和 9 年 2 月 1 日,第 2 巻は昭和 14 年 2 月 18 日発行）
です．第 1 巻が刊行された昭和 9 年（1934 年）といえば，高木先生が岩波講座『数学』を舞台に「解析概論」を書き続けていた時期にあたります．その連載が完結し，単行本の形で『解析概論』が刊行された年の翌年の昭和 14 年（1939 年）になって，藤原先生の著作の第 2 巻が出版されました．第 1 巻の「序言」を見ると，藤原先生はフランスの *Cour d'Analyse* の伝統をはっきり

と意識していて，これにならって日本語で数学解析教程を書こうとしたことがわかります．当初から浩瀚な書物が企画されていた模様ですが，第1巻の内容は微分積分学にあてられました．目次は下記のとおりです．

　　【第1巻　目次】
　　第1章　基本概念
　　第2章　微分
　　第3章　積分
　　第4章　二変数の関数

　高木先生の『解析概論』と比べると，はじめの三つの章は同じです．『解析概論』の第4章「無限級数 一様収束」に該当する章は見あたりませんが，それは第1章の「基本概念」に組み込まれています．次に挙げるのは第1章「基本概念」を構成する8個の節の節題です．

　　第1節　無理数
　　第2節　数列の極限
　　第3節　点集合
　　第4節　無限級数
　　第5節　無限乗積
　　第6節　関数の極限
　　第7節　連続関数
　　第8節　初等関数

第4節「無限級数」と第5節「無限乗積」は『解析概論』では第4章のテーマです．第8節「初等関数」は『解析概論』では第5章の主題になっていて，複素変数関数論の立場から語られています．『解析概論』の大きな特色のひとつがそこに認められるのですが，藤原先生の著作では変数の変域は実数に限定されています．

　次に挙げるのは第2巻の目次です．

　　【第2巻　目次】
　　第5章　多変数の関数
　　第6章　曲線と曲面
　　第7章　多重積分

8 　第 1 章　微積分の名著と古典

　　第 8 章　常微分方程式
　　第 9 章　偏微分方程式

　第 1 巻の第 4 章では 2 変数関数に限定して微分と積分が論じられたのですが，第 2 巻に移ると変数の個数を任意にして，一般に多変数関数の微積分が詳細に論じられます．2 変数関数の微積分のために特に一章を割り当てたのは，多変数関数の微積分への入り口のつもりなのでした．ここまでを第 1 編として，藤原先生は第 2 編も企画していた模様です．第 1 編，第 1 巻の「序言」を見ると，数学解析の包括する領域として，微積分学のほかに代数解析，微分方程式論，定差方程式論，積分方程式論，変分学，複素変数関数論，特殊関数論，集合論が挙げられています．第 1 編の第 2 巻では微分方程式論まで進みました．微分方程式論は高木先生の『解析概論』には見られないテーマです．他の諸領域，特に複素変数関数論については第 2 編で取り上げる予定だったことと思われますが，第 2 編は実現にいたりませんでした．

　高木先生の『解析概論』と藤原先生の『数学解析』は両々相俟って微積分を理解するための最良のテキストを形成しています．藤原先生の『数学解析』には諸概念や諸定理の出所来歴に関する精密な註記が書き添えられていて，それがこの書物の顕著な特色になっているのですが，本書でも大いに参考にしたいと思います．

2　古典の世界

解析概論の系譜

　19 世紀のフランスにはそのときどきの数学界を代表する数学者が解析概論もしくは解析教程を書くという伝統があったようで，ピカールとグルサのほかにジョルダンやエルミートも書いています．それ以前にさかのぼるとコーシーの

　　『王立理工科学校の解析教程．第 1 部　代数解析（*Cours d'Analyse*
　　de l'École Royale Polytechnique; I.re Partie. Analyse algébrique)』
　　（『解析教程』と略称）

が目に入ります．この著作は今日に続く微積分のテキストの原型になった作品で，1821 年に刊行されました．

COURS D'ANALYSE

DE

L'ÉCOLE ROYALE POLYTECHNIQUE;

Par M. Augustin-Louis CAUCHY,

Ingénieur des Ponts et Chaussées, Professeur d'Analyse à l'École polytechnique,
Membre de l'Académie des sciences, Chevalier de la Légion d'honneur.

I.re PARTIE. *ANALYSE ALGÉBRIQUE.*

DE L'IMPRIMERIE ROYALE.

Chez Debure frères, Libraires du Roi et de la Bibliothèque du Roi,
rue Serpente, n.° 7.

1821.

図 1.3 『王立理工科学校の解析教程. 第 1 部 代数解析』扉.

微積分ははじめ，無限小解析とか無限解析などと呼ばれていました．西欧近代の数学史上，一番はじめに現れた微分法のテキストの著者はロピタルですが，その作品の書名は

『曲線の理解のための無限小の解析学 (Analyse des infiniment petits pour l'intelligence des lignes courbes)』

というもので，ここに「無限小解析」の一語が見えています．この著作は 1696 年に刊行されました．実際にはヨハン・ベルヌーイに教えてもらったことをまとめたのですから，真の著者はヨハン・ベルヌーイなのですが，そんな事情はともかくとして，ここには微積分の草創期の姿がよく描かれています．ただしこの書物に書かれているのは微分法のみで，積分法の姿は見られません．書名を正確に見ると「第 1 巻」と明記されていることですし，第 2 巻も企画されていた様子がうかがわれ，その内容は積分法になるはずだったのですが，実現にいたりませんでした．

ロピタルのテキストの出現からおよそ半世紀の後，1748 年になってオイラーの著作

『無限解析序説 (Introductio in analysin infinitorum)』（全 2 巻）

が刊行されました．この書名に明記されているのは無限小解析でも微分積分でもなく，「無限解析」という言葉です．オイラーにはあと二つ，『微分計算教程』と『積分計算教程』という作品があります．『序説』と合わせて，しばしば「オイラーの解析学 3 部作」と呼ばれますが，コーシーの著作が出るまで，数学を志す者にとりオイラーの 3 部作は長らく微積分への入口であり続けました．ロピタルのテキストと比べるとだいぶ様子が違い，ロピタルを微積分の古層と見ると，オイラーは「第 2 期」に移行したという印象があります．そのオイラーの次に来るのはラグランジュの著作

『解析関数の理論 (Théorie des fonctions analytiques)』（1797 年）

です．この作品はオイラーとコーシーのどちらとも異なっていて，二つの世界の間に架けられた橋のような感じがありますが，どちらかといえばオイラーの仲間です．書名に見られる「解析関数」の一語が見る者のこころをひきつけてやみません．高木先生の『解析概論』の第 5 章の章題「解析関数と

ANALYSE
DES
INFINIMENT PETITS,
Pour l'intelligence des lignes courbes.

A PARIS,
DE L'IMPRIMERIE ROYALE.
M. DC. XCVI.

図 1.4 『曲線の理解のための無限小の解析学』扉.

INTRODUCTIO
IN ANALYSIN
INFINITORUM.
AUCTORE
LEONHARDO EULERO,

Professore Regio BEROLINENSI, *& Academiæ Imperialis Scientiarum* PETROPOLITANÆ *Socio.*

TOMUS PRIMUS.

LAUSANNÆ,
Apud MARCUM-MICHAELEM BOUSQUET & Socios.

MDCCXLVIIL

図 1.5 『無限解析序説』第 1 巻扉.

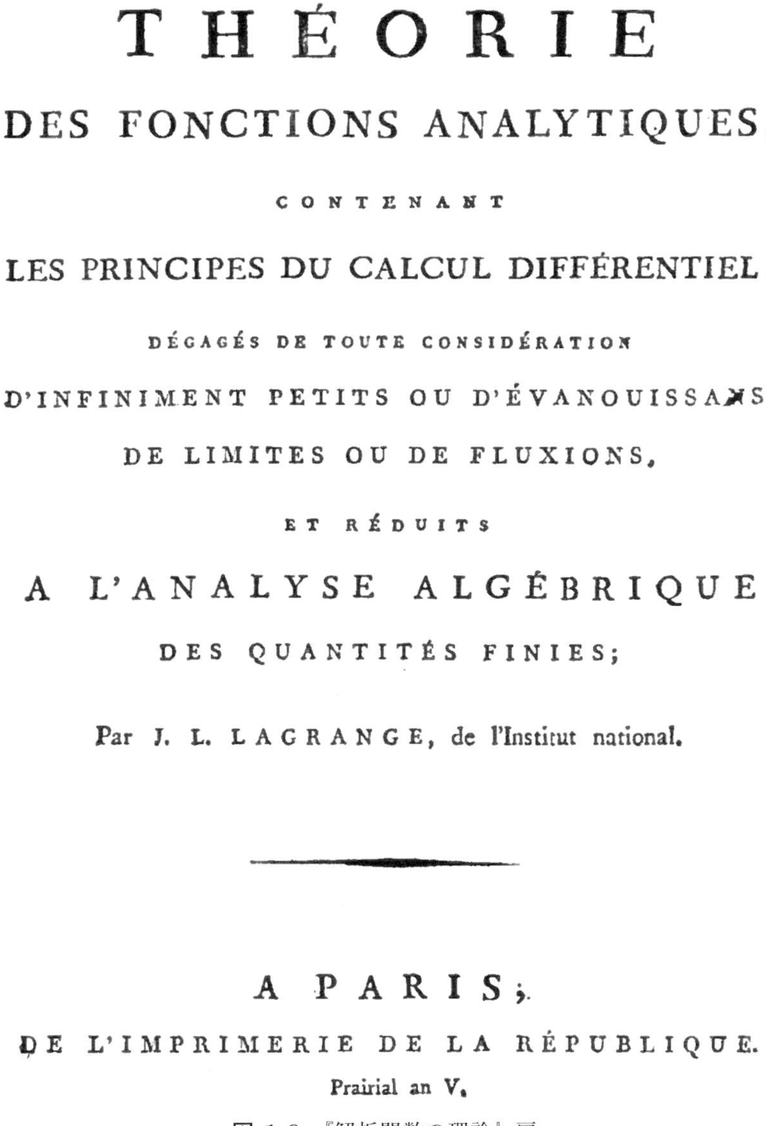

THÉORIE
DES FONCTIONS ANALYTIQUES,

CONTENANT

LES PRINCIPES DU CALCUL DIFFÉRENTIEL,

DÉGAGÉS DE TOUTE CONSIDÉRATION

D'INFINIMENT PETITS OU D'ÉVANOUISSANS,

DE LIMITES OU DE FLUXIONS,

ET RÉDUITS

A L'ANALYSE ALGÉBRIQUE

DES QUANTITÉS FINIES;

Par J. L. LAGRANGE, de l'Institut national.

———

A PARIS;

DE L'IMPRIMERIE DE LA RÉPUBLIQUE.

Prairial an V.

図 1.6 『解析関数の理論』扉.

くに初等関数」に見られる「解析関数」という言葉は，すでにラグランジュの著作の書名に見られます．

ロピタルもオイラーもラグランジュも今日の微積分のテキストの始祖とは言えず，高木先生の『解析概論』にもっともよく似ているのはコーシーの『解析教程』です．コーシー以降，微積分はいわば「第 3 期」の段階に入っています．

古典のいろいろ

ロピタル，オイラー，ラグランジュ，コーシーの著作については先ほど紹介したとおりですが，これらのほかにも微積分について語るうえで不可欠の古典的作品が存在します．とりわけ重要な位置を占めるのは，フーリエの著作

『熱の解析的理論』（1822 年）

です．フーリエはここで「完全に任意の関数はフーリエ級数に展開される」と宣言したのですが，これを受けて，ディリクレの 2 編の論文

「与えられた限界の間の任意の関数を表示するのに用いられる三角級数の収束について」（1829 年）

「完全に任意の関数の正弦級数と余弦級数による表示について」（1837 年）

が現れました．フーリエの著作に伴って「完全に任意の関数」とは何かという問いや，それをフーリエ級数に展開するということの可能性をめぐって新たな論点が発生し，この新事態に応じようとしたところにディリクレの意図がありました．そのディリクレを継承したのがリーマンの論文

「三角級数による関数の表示可能性について」（1854 年）

です．

微積分の基礎に関心を寄せるということであれば，実数論が重い意味合いを帯びてきます．これについてもっともよい参考になるのはデデキントの 2 冊の著作です．ひとつは

『連続性と無理数（*Stetigkeit und irrationale Zahlen*）』（1872 年）

という作品で，もうひとつは

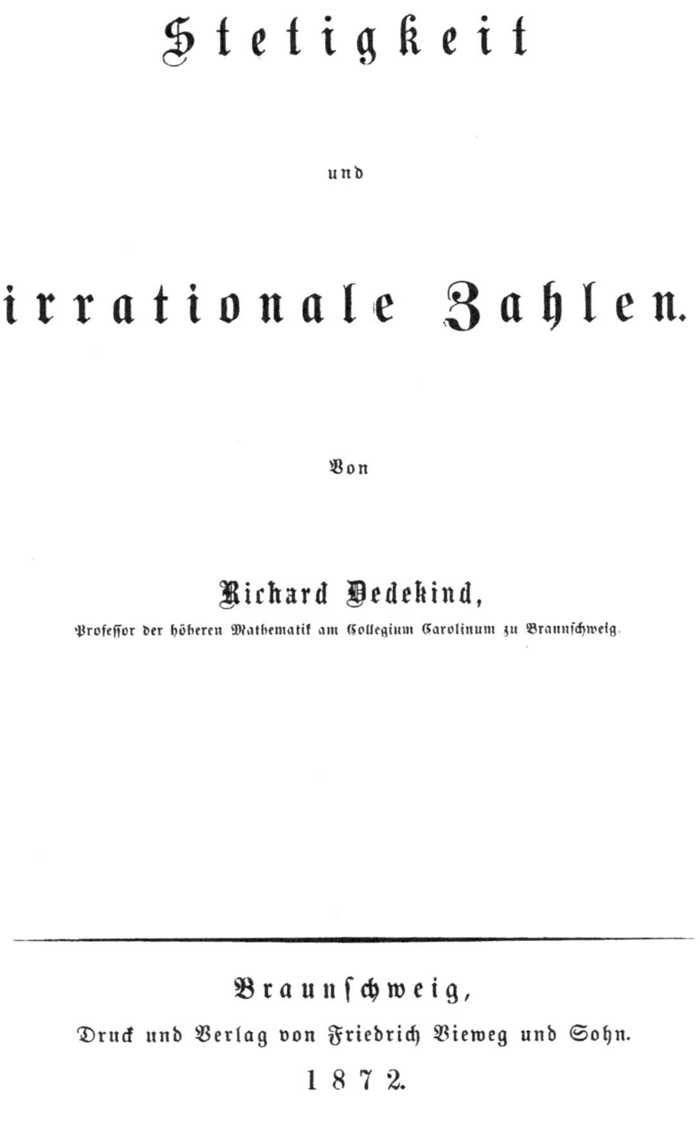

Stetigkeit

und

irrationale Zahlen.

Von

Richard Dedekind,
Professor der höheren Mathematik am Collegium Carolinum zu Braunschweig.

Braunschweig,
Druck und Verlag von Friedrich Vieweg und Sohn.
1872.

図 1.7 『連続性と無理数』扉.

『数とは何か，何であるべきか（*Was sind und was sollen die Zahlen?*）』（1888 年）

という作品です．これらの著作の邦訳も存在し，

『数について—連続性と数の本質』（訳：河野伊三郎，岩波文庫，1961 年）

に収録されています．

Was sind und was sollen die Zahlen?

Von

Richard Dedekind,
Professor an der technischen Hochschule zu Braunschweig.

———

Zweite unveränderte Auflage.

Ἀεὶ ὁ ἄνθρωπος ἀριθμητίζει.

Braunschweig,
Druck und Verlag von Friedrich Vieweg und Sohn.
1893.

図 1.8 『数とは何か,何であるべきか』(第 2 版,1893 年) 扉.

第2章
実数の創造と実数の連続性

1 無理数を創る

有理数ではない実数とは

　高木先生の『解析概論』の「第1版 緒言」について何事かを語るのは後回しにすることにして，何はともあれ第1章「基本的な概念」を眺めると，第一節「数の概念」から説き起こされているのですが，冒頭でいきなり「数の概念および四則演算は既知と仮定する」と宣言されてしまいます．「初めのうちは実数のみを取扱うから一々ことわらない」とも言われていますが，第2章，第3章と歩を進めて第4章「無限級数　一様収束」あたりになると何気なく複素数が顔を出してきて，第5章「解析函数，とくに初等函数」に入ると複素変数の関数の微積分が全面的に展開されます．

　数の概念が微積分の基礎であることはまちがいありませんが，自然数，整数，有理数，無理数という四つの用語は「周知である」として，特別の説明は何もありません．自然数，整数，有理数はまだしも無理数というのは何だろうと気に掛りますが，「有理数以外の実数」とあっさり記され，例として$\sqrt{2}$や自然対数の底e，円周率πが挙げられています．第1頁もまだ読み始めたばかりのところですし，何気なく通り過ぎてしまいそうですが，実はここは『解析概論』の最初の関門です．なぜなら例示された三つの数が有理数ではないことは明らかとは言えないからです．$\sqrt{2}$が有理数でないことの証明はそれほどむずかしくはありませんが，eとπについてはむずかしく，単に無理数であるばかりか超越数でさえあることの証明に成功したエルミート（e）とリンデマン（π）はどちらも数学史にその名が刻まれています．

　証明を語ればそれはそれで相当に頁を使いますし，無理数を説明するため

に例として挙げただけですからここで証明を書く必要はありませんが，実際には難解な内容を含む文言に直面したことになります．そのあたりの消息は高木先生も先刻承知で，「ただし，それらが有理数でないことは証明を要する」と註記を附していますが，よくわからないことを飲み込んで先に進んでいくのはストレスになります．そうかといって，あらゆる事柄にそのつど証明をつけていくのもたいへんなことで，それはそれで別の種類のストレスが生れます．数学書を読むのはむずかしいという感じが発生する原因のひとつです．

　第1節では数の概念は周知とされました．第2節「数の連続性」の冒頭にも「実数に関して前節で述べたことは，誰もが承認することを仮定したのである」と明記されています．数とは何かという問いは問わないという宣言で，あたりまえのようにわかっているものとして受け入れてほしいという要請です．数の定義を省略したのですが，語り始めればどれほどでも長くなりそうな話題ですし，それはそれで一理のある対処法です．

　自然数，整数，有理数については周知として通り過ぎても心理的な抵抗感は大きくないと思いますが，無理数を受け入れるのはそれほどたやすいわけではありません．自然数は整数の一部であり，整数の全体は有理数の全体に包摂され，無理数というのは有理数ではない実数のことでした．もし有理数ではない実数というのは存在しないというのであれば無理数を考える必要はないことになりますが，無理数が存在することは古典ギリシアの時代からすでに認識されていました．

　単位正方形，すなわち1辺の長さが1の正方形を描くとき，その対角線の長さに対応する数は有理数の範囲にはみあたりません（証明を要します）．強いて言えば，ピタゴラスの定理の教えるところにより，対角線の長さは「自乗すると2になる数」で表されることになりますが，それを $\sqrt{2}$ という記号で表記して数の仲間に入れることにするなら，そのときすでに数の世界は有理数の世界を超越していることになります．「数域を拡大する」という大きな決断が要請される出来事ですが，西欧近代の数学では，デカルトの時代からこのかた，ライプニッツ，オイラー，ラグランジュ，コーシーと解析学の変遷をたどっても $\sqrt{2}$ はいつも数の仲間です．

　$\sqrt{2}$ は「有理数ではない実数」の簡明な事例です．この事実を踏まえて，高木先生は無理数の例として $\sqrt{2}$ を挙げたのでした．

肖像 2.1 デデキント

デデキントの切断

　数の概念は周知と宣言し,「数とは何か」という問いは立てないという姿勢を打ち出した高木先生ですが,第 2 節では「数の連続性は解析学の基礎であるから,それを説明しなければならない」と説き起こし,「実数の連続性」の説明に取り掛かりました.高校までの数学では目にしたことのない話題ですし,『解析概論』は突如として難解な領域に足を踏み入れることになりました.

　自然数,整数,有理数ではなく,特に実数を指定して,その連続性を語ろうというのですが,説明の基礎となるのがデデキントが提案した「実数の切断」というアイデアです.『解析概論』の説明を再現すると,すべての数を A と B の二組に分けて, A に所属する数はどれも, B に所属するどの数よりも小さいとします.このとき組分け (A, B) を「デデキントの切断」と名づけ, A をこの切断の下組, B を上組と呼びます.形式的に考えると, A や B が空虚になることもありそうですが,そのような場合は除外することにして,どちらにも実際に何らかの数が所属するものとします.

　ある数 s が与えられたなら, s より小さい数の全体を A とし, s より大きい数の全体を B とすることにより,ひとつの切断 (A, B) が引き起こされます. A が下組, B が上組です.あまりにもあたりまえのことですし,これだ

けではなんのために切断などということを考えるのか，デキントの意図はつかめませんが，高木先生は「重要なのはその逆である」と強調したうえで，「デデキントの定理」を書きました．それが『解析概論』に登場する 122 個の定理のうち一番はじめの定理で，

> 定理 1　実数の切断は，下組と上組との境界として，一つの数を確定する．

というのです．

切断 (A, B) はひとつの数を確定するというのですから，それを s で表すと，s は A または B のどちらかに所属します．s が A に所属する場合には，s は A の最大の数であり，B には最小の数は存在しません．s が B に所属する場合には，s は B の最小数であり，A には最大数は存在しません．このような状況を見ると，s には切断 (A, B) の下組 A と上組 B の境界という呼称がぴったりするような感じがします．

「数の連続性」というのはこの定理が成立すること，それ自体に対して付けられた呼び名です．高木先生はこの定理の意味することを伝えようとしてさまざまに言葉を重ねていますが，全体にかすみがかかったような印象があります．証明はなく，「今我々はこの定理は承認されたものとして，それを基礎として，理論を組立てることにする」と宣言されているのですが，デデキントの定理はあまりにもあたりまえのことのように思われますし，なぜこれが微積分の基礎になりうるのか，いかにも不審です．いったいデデキントは何をしようとしたのでしょうか．

『解析概論』を読み始めてまだ3頁目にさしかかったばかりですが，わかったようでもありわからないようでもあり，茫漠とした心理状態に陥ってしまいます．知的もしくは論理的には諒解することができても感情が抵抗し，「わかった」という共感する心の発生を妨げています．

実数直線

第1節にもどると，「数の幾何学的表現」という小見出しがあり，実数直線が語られています．「解析学では便宜上自由に幾何学の述語を流用する」というのですが，その一例として「実数を直線上の点で表現する」方法が挙げられています．もっとも「その方法は周知である」として，特別の説明がな

22　第 2 章　実数の創造と実数の連続性

肖像 2.2　オイラー

されているわけではないのですが，直線 XX' の上で，数 0 を表わす点 O は座標の原点です．一般に数 x を表わす点 P は，x の正負に応じて半直線 OX もしくは OX' の上にあり，線分 OP の長さは x の絶対値 $|x|$ にほかなりません．

　数と直線上の点との間にこのような対応をつけると，数の正負と絶対値がまるで目に見えるような感じを受けます．歴史的にはオイラーに由来するアイデアで，オイラーの著作『無限解析序説』（全 2 巻．1748 年）の第 2 巻のはじめに記されています．オイラーは独自の理由により曲線を関数のグラフとして理解しようと企図していたのですが（これについては『解析概論』で関数概念が語られる際に，もう少し詳しく語る機会があると思います），アイデア自体は簡明ですし，それに高校の数学のころからすでに慣れ親しんでいますから，受け入れるのに別段心理的な困難はありません．

　ところが数の世界から実数直線に身を移してそこでデデキントの定理を考えてみると，実数の切断は直線の切断に対応し，デデキントの定理により確定するひとつの数は直線上の 1 点に対応します．無限小の幅，すなわち実際には幅のないナイフで直線に切れ目を入れようとすると，そのナイフは必ず直線上のただ 1 個の点と出会うという感じで，「実数の連続性」というのは直線に切れ目がないというイメージに合致します．ではありますが，このよ

うに理解しようとするとあまりにもあたりまえのことのようで，わざわざデデキントの定理と呼ぶようなことではないような気がします．それでなんだか狐につままれたような感じがしてどうも弱るのですが，ここはやはりデデキント本人に直接訊ねてみたいところです．

単調な有界数列は収束する

参考になるのはデデキントの 2 冊の著作です．ひとつは『連続性と無理数』です．序文を見ると，執筆中にカントールの論文「三角級数の理論の一定理の拡張について」が掲載されているドイツの数学誌『数学年報（*Mathematische Annalen*）』第 5 巻（1872 年）が届いたという記述に出会います．そんな消息を伝える箇所に「1872 年 3 月 20 日」という日付が記入されていて，これでデデキントが序文を書いた日にちがわかります．カントールの論文の末尾には「1871 年 11 月 8 日」という日付が記入されています．irrationale Zahlen は「非有理的な数」という意味の言葉ですが，これに「無理数」という訳語をあてる習慣が定着しています．デデキントのもうひとつの著作『数とは何か，何であるべきか』の序文には，「1887 年 10 月 5 日」という日付が記されています．以下，デデキントの言葉は邦訳書『数について──連続性と数の本質』（岩波文庫）から引用します．

デデキントはガウスと同じドイツのブラウンシュヴァイク公国のブラウンシュヴァイクに生れた人で，生誕日は 1831 年 10 月 6 日です．ガウスのいるゲッチンゲン大学に学び，学位と教授資格も取得して私講師になりましたが，1858 年夏，スイスのチューリッヒ工科学校（スイス連邦工科大学チューリッヒ校）の教授になりました．同年秋，微分積分学の基礎知識を講義することになったとき，デデキントは「それ以前にも増して，数の理論の真に科学的な基礎が欠けていることを痛感した」というのです．これは『連続性と無理数』の序文に書かれている言葉です．

デデキントの言葉を続けます．

> 変動する大きさが一つの固定した極限値に近づくという概念に際して，ことには絶えず増大しながらも，しかもあらゆる限界を超えては増大しないという大きさは，どれでも必ず一つの極限値に近づかなければならないという定理の証明に当って，私は幾何学的な明証

に逃げ道を求めていた．いまでも私はこのように幾何学的直観に助けを借りることは，はじめて微分学を教えるのに教育的見地からは非常に有用であり，余り多くの時間を掛けまいとすれば，欠くことのできないものとさえ考えている．

デデキントは「絶えず増大しながらも，しかもあらゆる限界を超えては増大しないという大きさは，どれでも必ず一つの極限値に近づかなければならないという定理」について語っています．『解析概論』を参照すると，第四節「数列の極限」の定理6「有界なる単調数列は収束する」がこれに該当します．数列 $\{a_n\}$ が単調というのは単調増大であるか，あるいは単調減少であるかのいずれかを指しています．不等式の系列

$$a_1 < a_2 < a_3 < \cdots < a_n < \cdots$$

が成立すれば，この数列は単調に増大するといい，不等号をすべて逆向きにして，

$$a_1 > a_2 > a_3 > \cdots > a_n > \cdots$$

というように各項が附随する番号とともに減少していくなら，この数列は単調に減少するといいます．もうひとつ，数列 $\{a_n\}$ が有界であるとは何かというと，ある定数 M が見つかって，すべての番号 n に対し不等式 $|a_n| < M$ が成立することを意味しています．

単調に増大し，しかも一定の限界を超えることのない数列は必ず収束すること，あるいはまた，単調に減少し，しかも一定の限界を超えることのない数列は必ず収束することを，定理6は主張しています．実数直線上に単調に増大するか，あるいは減少し，しかも有界な数列に対応する点を指定すると，何かしら一定の点に向かって限りなく近づいている感じは確かにあり，定理6はあたりまえのことを語っているとしか思えません．幾何学的な明証さは十分に備わっていて，その限りでは証明しなければならない事柄には見えないのですが，デデキントはそうは思わなかったようで，次のように言葉を続けています．

　　しかしこのような微分学への導入が科学性を有すると主張できないことは，誰も否定できないであろう．当時私にとってこの不満の感

じはおさえ切れないものになったので，その結果私は，無限小解析の原理の純粋に数論的な全く厳密な基礎を見いだすまではいくらでも永く熟考しようと固く決心した．

　無限小解析というのは微分積分学の古い呼称で，マルキ・ド・ロピタルの著作『曲線の理解のための無限小の解析学』(1696 年) の書名にこの言葉が現れています．その無限小解析の根底に横たわるのは「単調な有界数列は収束する」という命題であり，これを厳密に証明することができないようでは微積分の科学性はまったく失われてしまうというのがデデキントの主張です．

数を語る言葉を求めて

　「単調な有界数列は収束する」という簡明な命題がなぜ微分積分の基本命題なのかという問いについては，『解析概論』を読み進むにつれてこれからおいおい明らかになっていきますが，あたりまえのように見えるのですから特に疑いをはさむ理由もないといえばないとも言えそうです．事実，デデキントにしてもそのような姿勢で対処していたのですが，1858 年の秋になって実際に学校で教えるようになったとき，「証明しなければならない」という考えに傾いたのでした．微積分の根底を支える命題を厳密に証明することができないようでは微積分の科学性は揺らいでしまうという危機感を抱いたのですが，では微積分の理論展開に完全な厳密性を求めようとするのはなぜなのでしょうか．

　この問い掛けはいわば究極の問いですが，この問いについて考えるのは時期尚早ですのでひとまず念頭に置いたままにして，微積分の基礎に厳密性を求めようとするデデキントの思索の観察を続けたいと思います．単調な有界数列が収束することを示すには「収束していく先にあるもの」の姿を言葉をもって表現しておく必要があります．収束する数列はある数に向って限りなく近づいていくのですが，到着点に位置して数列が近づいてくるのを待ち構えているという，その「数」の実体に言葉が与えられていなければ証明を記述するのは不可能です．そこでデデキントは「数とは何か」という問いを立て，これに答えようとして「いくらでも永く熟考しようと固く決心した」というのでした．

　「いっそう精密な検討によって，この定理またはこれと同等な，どの定理も

いわば無限小解析にとっての十分な基礎と見なすことができる」という確信にいたったと，デデキントははっきりと語りました．「単調な有界数列は収束する」という命題が微積分の基礎になりうることの確信を告げるきっぱりとした宣言ですが，明々白々な確信どころではなく，ここにいたるには「いっそう精密な検討」を強いられました．しかもこの確信が真に確信でありうるためには，それを支える土台を明るみに出すことができなければならず，その土台とは，「その本来の起源を数論の基礎知識のうちに発見し，それと同時に連続性の本質についての真の定義を獲得」することだというのです．思索の歩みはまったく理路整然として間然するところがありませんが，デデキントは1858年11月24日にこれに成功しました．数日後，熟考の結果を親友のハインリッヒ・デュレージに打ち明けたところ，長い活発な会話が引き起こされました．

デュレージはデデキントより10歳ほど年長のドイツの数学者で，1858年にチューリッヒ工科学校に隣接するチューリッヒ大学の講師になったばかりでした．著作に『楕円関数論』（1861年）があり，高木先生は東京帝国大学に入学して2年目にこの本で楕円関数論を勉強しました．

（附記）

高木先生の著作『新式算術講義』（ちくま学芸文庫 M&S, 2008年）に次のような記述があります．

> 無理数は irrational number の訳語なり．原語の意味は（著者が独逸の某碩学より聞ける所によれば）比（ratio）ならざる，詳しく言えば二つの自然数の比ならざる数といふにあり．普通の字書にて語原を尋ぬるも亦同様の説明に帰するが如し．さもあるべきことなり．「無理」の語感は妥（おだやか）ならじ．今は姑らく慣用に従ふ．但無理数は「ムリ数」なり．「理無き数」にては勿論なし．「有理」亦同じ．（同書，246頁）

『新式算術講義』は明治37年（1904年）に刊行されました．高木先生は早くから数の理論に関心を寄せていて，明治31年（1898年），大学院の学生のころ，『新撰算術』を刊行しました．その直後に大学院を中退して留学のためドイツに向い，ドイツで得られた新たな知見に基づいて，帰国後，『新式算術講義』を書きました．

直線の連続性

1858年の秋11月にデデキントが発見したのは「数を語る言葉」と「数の連続性」でした．「数とは何か」と自問して，数とはこのようなものであると言葉で言い表すところに眼目がありますが，もう少し正確にいうとデデキントが探索していた「数を語る言葉」の対象となる「数」というのは実数のことで，自然数，整数，それに有理数までは知っているものとされています．その根拠は何かというと，特に論理的なことが語られているわけではありません．『連続性と無理数』の第一節は「有理数の性質」と題されていますが，冒頭で，

> 私の見るところでは，数論全体が，数えるというもっとも単純な数論的行為の必然的な，あるいは少なくとも自然的な結果であって，その数えること自身は，正の整数の無限系列を順次に創造することにほかならないし，この系列内では一つ一つの個体はすぐこれに先き立つものによって定義されている．

と語られています．これを言い換えると，「数える」という，人間に自然に備わっているかのように見える属性がそのまま自然数の存在の根拠になっているということのようで，これを受け入れるというのですから，自然数の存在を支えているのは論理ではなく，実在感，すなわち「疑いをはさむ余地なく存在する」という感情であることになります．

引き続くデデキントの論述は略しますが，自然数を元手にして負の自然数が創造されて数域が整数まで広がり，なお一歩を進めて有理数の創造が行われます．ここまでを受け入れることにしたうえで，デデキントは「実数の創造」に進みます．どこか未知の世界に存在する実数を見つけようというのではなく，有理数を元手にして創り出そうというのですが，手掛かりを与えてくれるのは「直線の連続性」で，『連続性と無理数』の第3節がこの話題にあてられています．

直線の連続性とは何かというと，その本質は次の原理に宿っているというのがデデキントの所見です．

> 直線のあらゆる点を二た組に分けて，第一の組の一つ一つの点は第二の組の一つ一つの点の左にあるようにするとき，このあらゆる点

の二つの組への組分け，直線の二つの半直線への分割を引き起こす
ような点は一つそしてただ一つだけ存在する．

　幅のないナイフで直線に切れ目を入れると，その切り口においてはただひとつの点に遭遇するということが語られているのですが，あまりにもあたりまえのことに思えますし，デデキント自身も「誰でもこの断定の真であることを直ちに許容するものと認めても，誤りではないと私は信じている」と言い添えているほどです．人の感情に訴えて，受け入れるようにと要請しているのですが，デデキントにしてもこれだけでは説得力を欠くと思ったのか，「読者の大多数は，連続性の秘密がこのような平凡な取るに足りないことによって解き示されるべきだと聞いてはなはだ幻滅を感ずるであろう」などと弁明し，そのうえで「私はその原理の正しいことのどんな証明も持ちだすことができない」と宣言し，しかも「誰にもその力はない」ときっぱりと言い切って，「直線のこの性質を承認することは公理にほかならない」と明言しています．まことに興味の深い光景です．

　直線の連続性は直観の力で諒解されるべきであり，しかも「直線のこの性質を承認することは公理にほかならない」とまでデデキントは主張します．「これによってはじめてわれわれは直線にその連続性を認め，これによってわれわれは連続性を直線の中に持ちこんで考えるのである」とも語られていますが，これを要するに直線の連続性はあらゆる人に共有されているという仮想された感情に支えられているということにほかなりません．

実数の連続性を支えるもの

　有理数については知っているものとしたうえで，有理数を直線上に配置すると，隙間が発生します．言い換えると，有理数の不連続性が赤裸々に浮上します．

　有理数を直線状に配置するというのはどのようにするのかというと，直線上に任意に一点 O を取り，その点の位置に数 0 を配置します．この点 O を原点と呼ぶことにします．直線は点 O により二分されますから，片方を正の方向，もう片方を負の方向と定めます．それと，単位の大きさを定めておかなければなりませんから，直線の正の方向上に点 P を取り，その点に数 1 を配置します．このように装置を定めた上で，有理数 a に対応する直線上の

点をどのように定めるのかというと，a の正負に応じて，直線の正負の方向に目を向けて，a の大きさ（絶対値と言われることもあります）に見合う位置に a を配置します．たとえば $a = 2$ であれば，大きさが 2 の正の数ですから，直線の正の方向に向けて原点 O からの距離が OP の 2 倍になる地点に位置する点に配置することになります．

　このようにしてあらゆる有理数を直線上に配置して，さてそのうえで有理数が配置された点の全体を観察すると，隙間がないように分布しているように見えるにもかかわらず実は隙間だらけです．有理数 a が配置された点を $A(a)$ と表記して，試みに有理点と呼ぶことにしてみます．有理点の全体が隙間がないように見えるのは，二つの有理点 $A(a), B(b)$ がどれほど接近していても，その中間には必ず有理点が存在するからです．たとえば $c = \dfrac{a+b}{2}$ と置くと，c は有理数であり，有理点 $C(c)$ は $A(a)$ と $B(b)$ の中央に位置します．逆に隙間だらけのように見えるのはなぜかというと，二つの有理点 $A(a), B(b)$ の間に必ず有理点ではない点が存在するからです．実際，$c = a + \dfrac{b-a}{\sqrt{2}}$ という数を作ると，$\sqrt{2}$ は無理数ですから c もまた無理数で，しかも不等式 $a < c < b$ または $b < c < a$ が成立します．そこで原点 O から出発して c の正負に応じて正または負の方向に c の大きさに等しい距離だけ歩を進めると，到達点は有理点ではありません．

　この隙間だらけの状況を指して，デデキントは，「直線には完備性があって隙間がなく，従って連続性が認められるのに対し，有理数の全体には隙間があり，足りないところがあって，不連続性が認識される」というように言い表しました．このような現象が起こるのは有理数だけでは数が足りないからです．そこでデデキントは有理数ではない数，すなわち無理数をいわば「創造」し，有理数とともに無理数も直線上に配置することにより直線が完全に隙間なく埋め尽くされてしまうようにしようとしました．ここにデデキントの工夫のねらいがあります．

　デデキントのねらいが実現したなら，そのとき実数の全体には隙間がないという確かな感じが手に入ります．それを指して，デデキントは「実数の連続性」と呼んでいるように思われるのですが，それなら実数の連続性を支えているのは，「直線の連続性」，言い換えると「隙間なくつながっているような感じがする」という，だれもが受け入れるにちがいないけれどもだれにも

証明することのできない事柄に寄せる信頼感であることになります．

無理数を創る

　有理数を元手にして無理数を創り出す方法は唯一とは限らず，いろいろな道筋が考えられると思いますが，1858 年の秋 11 月にデデキントが熟考の末に到達したのは「有理数の切断」というアイデアでした．「切断」の原語はSchnitt（シュニット）というドイツ語で，この言葉に「切断」という訳語を割り当てる習慣が定着しています．この訳語を一番はじめに提案したのはだれなのか，すべての文献を網羅して調べたわけではありませんが，明治 37 年に刊行された高木先生の著作『新式算術講義』にはすでに現れています．

　明治 31 年の高木先生は東京帝国大学を卒業して 1 年目の大学院生ですが，大学に入学したのは明治 27 年．その 3 年前の明治 24 年（1891 年）に京都の第三高等学校に入学して河合十太郎先生に数学を学びました．三高で同期になった人に広島の中学を卒業して進学してきた吉江琢兒先生がいて，生涯の友になりましたが，吉江先生の回想によると，三高の 2 年生のとき，河合先生はデデキントの『連続性と無理数』を読むようにと吉江先生に強くすすめたということです．吉江先生はたいへんな苦労を重ねてこれを読み，さらに『数とは何か，何であるべきか』にも取り組みました．

　吉江先生が三高の第二学年のときというと明治 25 年で，西暦でいえば 1892 年です．『連続性と無理数』と『数とは何か，何であるべきか』が刊行されたのはそれぞれ 1872 年と 1888 年ですから，吉江先生は相当に早い時期にデデキントの実数論に触れたことになります．はたして高木先生もまたこの時期にデデキントに親しんだのかどうか，そのあたりについては高木先生は何も語っていませんので断言することはできないのですが，親しい友人の吉江先生が読んだこと，河合先生に特別に目をかけられていたという証言があること，大学を卒業してまもなく『新撰算術』を刊行したことなどを考え合わせると，Schnitt を切断と訳出して公表したのは高木先生であろうと見ていいのではないかと思います．

　「有理数の切断」と「数」の関係について，デデキントは『連続性と無理数』においてこのように語っています．

　　さて一つの切断 (A_1, A_2) が存在して，それが有理数によって引き起

こされたものでないとすると，そのたびごとにわれわれは一つの新たな数，一つの「無理数」α を創造し，われわれはこれをこの切断 (A_1, A_2) によって余すところなく定義されると見なすのである．この数 α は切断に対応するとか，この数がこの切断を引き起こすとかいうことにする．

デデキントの目標が達成されるためには，こうして創造された無理数の全体が連続性を備えていることを示さなければなりません．デデキントは『連続性と無理数』の第 5 節「実数の領域の連続性」においてこれを確かめようとして，次に挙げる定理を表明しました．

あらゆる実数の集合を二つの組 A_1, A_2 に分割して，組 A_1 のどの数 α_1 も，組 A_2 のどの数 α_2 よりも小さくなるようにすると，この分割を引き起こした数 α は一つ存在して，そうしてただ一つに限る．

これがデデキントのいう実数の連続性です．実数の全体の切断の場合には，有理数の切断の場合と違い，どのような切断も必ず何かある実数によって引き起こされるということが主張されていますが，『解析概論』に立ち返ると，高木先生が「デデキントの定理」として挙げた「定理 1」と同じです．デデキントの名を冠して「デデキントの定理」と呼ばれた理由も，これで同時に明らかになりました．

『解析概論』の「附録 1　無理数論」について

実数の連続性は『解析概論』の第 1 章，第 2 節に書かれています．頁番号でいうと第 2 頁から第 4 頁にわたっているのですが，第 2 頁と第 4 頁の記事はどちらも 2 行しかありませんので，実質的に第 3 頁のみで尽くされています．デデキントの意図は「実数を創る」ことにあり，適切な創り方を考案して実数の連続性が確保されるようにするところにデデキントの工夫がありました．

一例として $\sqrt{2}$ という無理数を取り上げてみると，まず「自乗すると 2 よりも大きくなる」という条件を満たす正の有理数の全体を B とし，それ以外の有理数の全体を A とすると，有理数の切断 (A, B) が定まります．無理数 $\sqrt{2}$ がこの切断を引き起こしたのですが，そんなように言えるのは $\sqrt{2}$ を知っているからです．視点を逆にして，この切断それ自体が $\sqrt{2}$ を表わして

いると見るのがデデキントの考えです．このあたりはいろいろな言い方が可能になりそうで，「この切断を引き起こす何ものかが存在する」と想定して，それを $\sqrt{2}$ と呼ぶと言ってもよさそうですし，もう一歩を踏み込んで，「この切断それ自体が $\sqrt{2}$ である」と見てもよさそうです．いずれにしても $\sqrt{2}$ という非有理数が「創造された」のはまちがいありません．

『解析概論』の記述には実数を創造するという視点が見られません．実数は既知として，実数の性質として連続性という属性を宣言し，その宣言に「デデキントの定理」という名前をつけただけですから，あまりにも不十分です．なんのためにこのようなことを書き留めたのか，真意が伝わってきませんので，「わからない」という感情がつのります．デデキントのように「実数を創造する」という話から説き起こせばよいのですが，これを実行するとあまりにも迂遠になるのを危惧したのかもしれません．

本当は実質的にわずか1頁の第2節に代えて，高木先生自身の若い日の2冊の著作『新撰算術』と『新式算術講義』を配置したいところです．もっとも高木先生も案じるところがあったようで，『解析概論』の巻末に「附録1」として「無理数論」を書き添えて，デデキントの『連続性と無理数』と同じ内容を簡略に叙述しています．それに，せっかく実数を創造しても加減乗除の四則演算が定まらないようでは数の名に値しませんが，この点についても，デデキントが『連続性と無理数』でそうしているように，「附録1」で取り上げられています．

藤原先生の『数学解析』では，『解析概論』の「附録1」と同じ流儀に沿って，第1章「基本概念」の第1節「無理数」が叙述されています．

2　実数のいろいろ

厳密性を求める心

直線には「切れ目なくつながっている」という印象がありますが，その印象そのものに「連続性」という言葉をあてるのは一理があると思います．論理的にどうこうという議論の対象ではなく，「つながっているような気がする」，「切れ目があるとは思えない」という感受性の働きですから，知的もしくは論理的な証明の対象ではなく，いわば直観で把握するほかはありません．

直観というのは，どうしてそう思うのかと問われたときに説得力のある理由を述べることができませんので，直観的に明らかではないかと応じるというだけのことです．ただし，たぶんすべての人がそう思うだろうということも同時に感知されていますから，「直線の連続性」というのはいわば人類の共同幻想のようなものです．

　これに対し，「実数を創造する」という方針を立てて数の定義を書き下し，そのような数の全体の作る集まりの連続性ということを定義して，さらにそれを証明するという方針に出るならば，そこに直観の出る幕はありません．言葉で記述された定義が先行し，論理の連鎖をたどって証明の手続きを経て「数の連続性」という事実が確定するのですが，普通の語法ではこのような状況を指して「論理的」と呼んでいるのではないでしょうか．確かにこのようにすれば，実数やその連続性について語ることができますし，これに比べれば，何となくつながっているように思うなどとしか言うことのできない「直観」はいかにもあいまいです．

　言葉だけの世界に主体性を認め，言葉で語り，論理の連鎖をたどって証明するという道筋を見ると厳密性が感知されるのはまちがいありません．数と直線上の点を対応させれば数が点のように見えてきますが，直線はあくまでも数の認識を助けてくれる方便にすぎないというのが，デデキントのいう厳密性です．ですが，ここにいたってあらためてひとつの素朴な疑問が心に浮かびます．それは，デデキントはなぜこの種の厳密性を求めたかったのだろうという疑問です．

　この疑問に対して何らかの所見を表明できないようでは『解析概論』を読んだとは言えませんが，ひとまず問題を提示するだけに留めて論理的厳密性と直観のあいまいさについてもう少し考えてみたいと思います．

得られたものと失われたもの

　デデキントは直観の力で把握した直線の連続性を確信し，直線の切断という，連続性の本質をあらわにする言い回しを考案しました．ここまでは直観の世界のことですから成否の判断をこえていますが，実数の創造のほうは純粋に論理の世界の出来事で，しかもデデキントはこれを直線の連続性のイメージを念頭に置いて遂行しました．論理に先立って直観があり，直観が論理を支えているということで，デデキントの営為の本質はこのあたりに認め

られるのではないかと思います．

　これを言い換えると，直線の連続性のイメージがなければ実数の創造は不可能ということで，しかも創造された実数は直線の連続性のイメージと合致していればよいのですから，創造の仕方は唯一と決まっているわけではありません．実際，高木先生の『新式算術講義』を見ると，実数を創造した人として，デデキントのほかにヴァイエルシュトラス，カントール，ハイネ，メレーという名前が挙げられています．

　ポアンカレはエッセイ集『科学と方法』（訳：吉田洋一，岩波文庫）において，「数学は厳密性に於て得るところがあったが，客観性に於て失うところがあった」と書いていますが，実におもしろい言葉です．この言葉の前に，「人は何等犠牲を払うことなしに絶対的の厳密性に到達したと信じるであろうか」という問いがあり，「決してそうではない」とこれに応じ，続いて先ほどの言葉が語られます．デデキントの実数論の場合にあてはめてみると，厳密性が得られたのはまちがいありませんが，有理数の切断を構成してそれを「非有理数」と思うというのはいかにも奇抜で，心情において受け入れがたいものがあります．切断には客観性が伴っていないからです．

　有理数の切断を非有理数とする定義を提示されて困惑せずにこれを受け入れることできる人はいないと思いますが，そのような定義を考案した当の本人のデデキントには戸惑いはなかったと思います．デデキントの心には数の姿が明瞭に描かれていて，その姿を的確に描写する言葉を探しただけだからです．ヴァイエルシュトラスやカントールなど，他の探索者たちは別の言葉を見つけましたが，デデキントの定義を聞いてもやすやすとこれを受け入れたにちがいありません．選ばれた言葉は異なっていても，直観が描き出す数の姿は共通だからです．

上界と上限，下界と下限

　『解析概論』の第1章，第3節「数の集合・上限・下限」に移ると，「定理2」に出会います．

> 定理2　数の集合 S が上方［または下方］に有界ならば S の上限［または下限］が存在する．（ヴァイエルシュトラスの定理）

　藤原先生の『数学解析』では，「上方に有界な集合」，「下方に有界な集合」

の代りにそれぞれ「上方が限られた集合」，「下方が限られた集合」という言葉が用いられています．実にわかりやすい語法ですが，今では使われなくなりました．

定理 1 は「デデキントの定理」と呼ばれていましたが，定理 2 には「ヴァイエルシュトラスの定理」という名前がつけられています．この定理の文言を諒解するには，「数の集合」はよいとして，「上方または下方に有界」ということの意味と，「上限」，「下限」という言葉の定義を受け入れなければなりませんが，どれも特にむずかしいということはありません．非有理数 $\sqrt{2}$ を例に取り，「自乗すると 2 よりも大きくなる正の実数」，すなわち不等式 $x^2 > 2$ を満たす正数 x の全体を B で表し，それ以外の実数の全体を A としてみます．A は上方に有界です．なぜなら，$\sqrt{2}$ よりも大きい数 M，たとえば $M = 100$ を取ると，A に所属するどのような数も「100 よりも大ではない」からです．この状況を指して「100 は A の上界である」と諒解するのですが，100 という数値は適当に取っただけのことで，$\sqrt{2}$ より大きい数 M はみな A の上界です．

A の上界は無数に存在しますが，それらの中に一番小さいものが存在します．それは $\sqrt{2}$ そのもので，$\sqrt{2}$ は A に所属する数の中の最大の数でもあります．A のあらゆる上界のうち，最小のものを「A の上限」と呼んでいますが，今の場合には A の最大数と A の上限は一致していて，どちらも $\sqrt{2}$ です．

上界，上限，最大数と並べるとどうもまぎらわしく，このあたりも『解析概論』を読み進めるうえで乗り越えがたい関門になっています．個々の概念はなんでもないことで，見ればすぐにわかるのですが，それと同時にすぐにあやふやになって混乱に陥りがちです．このような概念を導入する理由を飲み込めないことが，心理的に高い壁になっているのではないかと思います．

最大数はともかく，上界と上限はよく似ていますが，英語で表記すると，

　　上界は upper bound
　　上限は supremum
　　最大数は maximum

です．A の上限を $\sup A$ と書き，A の「スープ」と読んでいます．A の最大数は $\max A$ と書き，A の「マックス」と読みます．上に挙げた例でいうと，

$$\sup A = \max A = \sqrt{2}$$

となっています.

　最小数,下界,下限についても同様で,「下限は最大の下界」です.英語表記では,

　　下界は lower bound
　　下限は infimum
　　最小数は minimum

です.B の下限を $\inf B$ と書き,B の「インフ」と読んでいます.B の最小数は $\min B$ と書きます.この記号の読み方はあまり見たことがないのですが,B の「ミン」と読むことがある模様です.上に挙げた例 B でいうと,

$$\inf B = \sqrt{2}$$

となっていますが,B には最小数は存在しません.これを言い換えると,一般に下限と最小数は一致しないということになります.上限と最大数についても事情は同様で,上記の例 A には最大数が存在して上限と一致しましたが,そのようになっていないこともありえます.

　このあたりには細々とした注意事項がたくさんあり,そのつど実例を構成して確かめていかなければならないのですが,たいくつな作業ですのでなかなか慣れ親しむという状態になりません.

　藤原先生は上限と最大数,下限と最小数の概念上の区別が重要なことを,等周問題を例に挙げて説明しています.等周問題というのは,「平面上に描かれた一定の周をもつ閉曲線のうち,その閉曲線で囲まれる領域の面積が最大になるものは何か」という問題です.答えは「円」ですが,シュタイナーという人は,円以外の閉曲線を描くと,それと等しい周をもち,しかも囲む領域の面積がより大きくなる閉曲線を描くことができることを示し,これを完全な証明と考えたということです.ところが,これによってわかるのは円以外の閉曲線は等周問題に答を与えないということのみですから,不十分な解答です.藤原先生はもうひとつ,ペロンの言葉を引用しています.

　　ここに正の整数の集合 (A) を考えよ.1 以外の (A) の数 n の平方は n より大である.故に 1 は (A) の最大数である.(ドイツ数学者協会年報,第 22 巻,1913 年)

1以外の (A) の数 n については，その平方 n^2 という n よりも大きな数が存在するのですから，(A) の最大数ではありえません．それゆえ，残された数1が必然的に最大数であることになるという論法ですが，まちがっているのは明白で，誤謬の原因は「(A) に最大数が存在しない」という一事に宿っています．このようなさまざまな現象の見聞が基礎になって，上限と最大数の区別が重い意味合いを帯びてきます．

そこでいよいよヴァイエルシュトラスの定理のことになりますが，この定理では上方または下方に有界な数の集合には上限または下限が必ず存在することが主張されています．存在が主張されているのは最大数ではなく上限，最小数ではなく下限です．証明は定理1，すなわちデデキントの定理に依拠して行われます．論証は単純ですから追随するのに困難はありませんが，主張されている事柄があたりまえのことのように思えて，なぜこれを証明しなければならないのか，その理由が飲み込めません．知的な追随は容易でも心情がついていかないために困惑し，先に進めなくなってしまいます．

数列の極限の表記法

上方もしくは下方に有界な集合には必ず上限もしくは下限が存在すると，ヴァイエルシュトラスの定理は主張しています．数の集合の代りに実数直線上で考えるならあたりまえとしか思えないことですが，1858年秋のチューリッヒにおけるデデキントのように考えるなら，直線の醸し出す直観的イメージから離れて，どこまでも数の世界において論証を押し進めて証明を記述するところに意義が認められるのだと考えられそうです．

ヴァイエルシュトラスの定理という名前の由来はまだわかりませんが，デデキントの定理に基づいて証明されたことでもありますし，それに，どことなく「単調有界な数列は収束する」という，デデキントが実数の定義を考案するきっかけになった命題と似ています．それならヴァイエルシュトラスもまた独自に実数の定義を考えていたのではないかという想定が成立しそうですが，これは実際にそのとおりです．

『解析概論』の第1章，第4節は「数列の極限」と題されています．ここも実にわかりにくい節で，すらすらと読み進めるというわけにはいきません．数列というのは $a_1, a_2, \ldots, a_n, \ldots$ というように「無数の数を一定の順序に並べたもの」（『解析概論』，5頁）のことをいうのですが，そもそも微積分の書

物でなぜこのようなものを考えるのでしょうか.それがまず真っ先に浮かぶ疑問ですが,すぐに答えることはできませんので,ひとまず飲み込んでおくことにして,数列の極限の定義を検討したいと思います.

上記の数列を $\{a_n\}$ と略記することにします.次に引くのはこの数列の収束を語る『解析概論』の言葉です.

> n が限りなく増大するとき,a_n が一定の数 α に限りなく近づくならば,数列 $\{a_n\}$ は α に収束(あるいは収斂)するといい,また α を a_n の極限という.

これを記号を用いて

$$\lim_{n\to\infty} a_n = \alpha$$

と表記しますが,

$$n \to \infty \text{ のとき } a_n \to \alpha$$

と書くと見やすいと『解析概論』に記されています.どれも日常の言葉で書かれた極限の定義ですし,何ということもなく諒解されますが,高木先生は「詳しくいえば」と前置きしたうえで,もうひとつの定義を書きました.それは,

> 任意の正数 ε が与えられたとき,それに対応して一つの番号 n_0 が
>
> $$n > n_0 \text{ なるとき } |\alpha - a_n| < \varepsilon$$
>
> なるように定められるのである.

という定義です.ここに見られる文言は日常語のように見えて日常語ではなく,そのうえ目に見えるのは不等式ばかりというありさまですし,a_n が α に近づいていくという感じがありません.定義と感情が乖離しているために「むずかしい」という印象が作られて,『解析概論』の読解はここにおいて大きな壁に行く手をはばまれてしまいます.

後者の表現を「イプシロン＝n_0 論法」とでも呼ぶことにします(ギリシア文字 ε はエプシロンと読みますが,数学の世界ではイプシロンと読む流儀が定着しています).高木先生は単に「詳しくいえば」というばかりですから,日常語による言い回しとイプシロン＝n_0 論法の実質は同じであるかの

ようですが，それならなぜわざわざ感情がついていきにくい言い回しに言い換えるのでしょうか．

次々と疑問のわく場面ですが，考えてもわからないことばかりですし，ひとつの有力な対処法は「丸暗記する」ことではないかと思います．負数と負数を乗じると，積は正数になって行き詰まりますが，なぜかと問われても応答に窮しますから，そのように決めたのだと思って「丸暗記する」と先に進むことができます．すると今度は「自乗すると負になる数」というものに出会いますが，どうしてそうなるのかと考えても正解はなかなか見つかりませんのでまたも丸暗記して，ただ計算の規則のみを受け入れる態度に徹すれば，習熟するにつれて初期の疑問は消えてしまいます．

日常語を離れる理由

数学の現場ではイプシロン＝n_0論法のように感情の同意の伴わない言い回しにひんぱんに出会いますが，そのたびに困惑させられて「わからない」という感情に襲われます．「nが限りなく増大するとき，a_nが一定の数αに限りなく近づく」という言い回しとイプシロン＝n_0論法の文言を比較してみると，後者の大きな特徴は「nは変化しない」という一事です．イプシロン＝n_0論法ではa_nのnはただの添え字であり，それ自身にエンジンがついていて自動的に増大するわけではなく，日常語で「nが限りなく増大する」と言ったり，「a_nが一定の数αに限りなく近づく」と言ったりする代りに不等式が登場します．日常語の動的なイメージは地を払い，不等式による静的な空気に覆われています．なぜそのようなことをするのか，真意はなかなかつかみがたいのですが，第4節の定理6を見ると，そこからひとつの解答が読み取れるように思います．

定理6は「有界なる単調数列は収束する」という命題で，デデキントはその厳密な証明を求める心に駆り立てられて実数の創造に向ったのですが，これを証明するにはまず数列が収束していく先の「数」というものを言葉で言い表す必要があります．証明は言葉で記述されるからですが，まったく同じ理由により「収束する」ということの中味を言葉で述べておかなければなりません．その場合，「限りなく増大する」とか「限りなく近づく」などという日常語は直観的印象ですから，その印象がどれほど鮮明であっても，証明のための言語にはならないという判断がなされていることになります．

「数」といえば万人に共通の印象が形成されそうですが，実数を「有理数の切断」を通じて把握するというのはひとつのアイデアです．「限りなく増大する」や「限りなく近づく」も別段あいまいな言い回しというわけではなく，「数」の場合のように万人に共通の印象が形成されることと思いますが，「数」に対する「切断」のように，その印象に相応しい別の世界の言葉が要請されたのであろうと思われます．19 世紀になってなぜ急にそのような要請が大きく浮上したのだろうという疑問が起りますが，ほとんど同時期に何人もの人びとが同じ心情に傾いたのは確かに謎めいた現象です．

「数」，「限りなく増大する」，「限りなく近づく」という言葉はあいまいというのではなく，ここには「数」という個物や「増大する」，「減少する」という現象に寄せる実在感のみが語られています．その実在感を言い表す言葉の体系が考案されなければデデキントが望んだ証明を書くことはできず，高木先生が「詳しくいえば」と言ってイプシロン＝n_0 論法で収束の定義を書き直した理由もそこにあります．

実数の定義と「収束する」ことの定義が明示されましたので，それらに沿って『解析概論』の定理 6 の証明を書き進めると，実数の連続性と「単調な有界数列の収束性」との関連がはっきりと浮かび上がります．その状況を指して，厳密性が確保されたと言われているのであろうと思います．明るみに出されたのはこのような関係であり，数の観念や収束の概念の言葉による表明は，その関係性を明確にするために考案された観念的な装置です．

『解析概論』の定理 6「有界なる単調数列は収束する」の証明を再現してみます．細かく場合を分ければさまざまな場合がありえますが，単調に増大する数列，すなわち

$$a_1 < a_2 < a_3 < \cdots < a_n < \cdots$$

となる数列 $\{a_n\}$ を取り上げて，しかもこの数列は上方に有界とします．これを言い換えると，何かしら定数 M が存在して，すべての添え字 n に対して不等式 $a_n < M$ が成立するということにほかなりません．そこで数列 $\{a_n\}$ を構成する数 a_n の全体の作る集合を S とすると，S は有界であることになりますから，ヴァイエルシュトラスの定理（『解析概論』の定理 2）により上限 α が存在します．実数の連続性の認識（デデキントの定理．『解析概論』の定理 1）がここに生きています．

数列 $\{a_n\}$ は α に収束します．これを証明するために α よりも小さい数 α' を任意に取ってみます．このとき上限というものの定義により $\alpha' < a_{n_0} \leqq \alpha$ となる a_{n_0} が必ず存在します．ところが数列 $\{a_n\}$ は単調に増大するのですから $n > n_0$ のときつねに $\alpha' < a_n$ となります．他方，すべての n に対して $a_n \leqq \alpha$．それゆえ，$n > n_0$ であるとき $\alpha' < a_n \leqq \alpha$．したがって不等式 $|\alpha - a_n| < \alpha - \alpha'$ が成立しますが，α' は α よりも小さな任意の数なのですから，α' の取り方次第によって $\alpha - \alpha'$ はどれほどでも小さくなりえます．これを言い換えると，任意の正数 ε に対して $\alpha - \alpha' < \varepsilon$ となるように α' を取ることができます．これでイプシロン＝n_0 論法で語られているとおりの状況が現れましたので，数列 $\{a_n\}$ は α に収束することがわかりました．

単調に増大する有界な変化量は収束する

デデキントが『連続性と無理数』において構築した実数論の目的は「絶えず増大しながらも，しかもあらゆる限界を越えては増大しないという大きさは，どれでも必ず一つの極限値に近づかなければならないという定理」を，幾何学的明証に逃げ道を求めずに証明することでした．そのためには「変動する大きさが一つの固定した極限値に近づくという概念」についても，幾何学的な直観の助けを借りずに，言い換えると知的もしくは論理的な仕方で把握することが要請されます．デデキントはこれらの課題を第 7 章「無限小解析」において取り上げました．

デデキントはまず「逐次に確定した数値をとって変動する一つの変数 x」について，x が「極限値」α に近づくとはどのようなことをいうのかを語りました．それを紹介する前に注意事項がひとつあります．岩波文庫所収の『数について』の訳文を採って「変数 x」と書きましたが，原語に対応する訳語は「変化する数」ではなく，「変化する量」です．ついでに言うと，少し前に「変動する大きさ」と書きましたが，これも「変化する量」の訳語です．変化量という言葉を避けて「変化する大きさ」や「変数」と訳し分けているのですが，原語は「変化量」です．量という言葉を使わないための工夫です．このような訳語の選定の背景には「数と量」のうち「量」を放棄しようとする傾向が控えています．

デデキントの原文を尊重して「変数」ではなく「変化量」という言葉を使うことにしますが，変化量 x が α に近づくということを，デデキントは，

x が変動するに当って，ついには x が α を間にはさむ任意の二数の間に決定的にはいってしまうことである．いいかえれば差 $x - \alpha$ の絶対値が，0 と異なるどんな与えられた正数値よりもついには決定的に小さくなってしまうことである．

と規定しました．「どんな与えられた正数値よりも」という文言にイプシロン $= n_0$ 論法のイプシロンの香りが感じられますが，n_0 に相当する文字はなく，その代りに差 $x - \alpha$ の絶対値がついには ε より小さくなるというのと同じことが言われています．日常語が混じっているのですが，そもそも変化量という言葉が日常語なのですから，このあたりは仕方がありません．

ともあれこれで変化量の収束ということの定義が与えられました．これを踏まえて，デデキントは

一つの大きさ x が絶えず増加しながらも，あらゆる限界を越えては増加しないならば，x は一つの極限値に近づく．

という，懸案の定理の証明を書きました．これをデデキントの記述に沿って紹介してみます．

x は上方に有界ですから，いつになっても $x < \alpha_2$ であるような数 α_2 が存在します．しかも無限に多く存在します．そこでそのような数 α_2 を全部集めて数の集合を作り，それを A_2 で表します．そのほかの数 α_1 の全体を A_1 で表すと，これで実数の切断 (A_1, A_2) が定まりました．すると，ここが肝心なところなのですが，実数の連続性により，この切断を引き起こす唯一の実数 α が存在します．この数 α は A_1 と A_2 のどちらか一方に所属します．A_1 に所属する場合には α は A_1 の最大数であり，A_2 に所属する場合には A_2 の最小数です．

前者の場合，すなわち α が A_1 の最大数であることはありえません．実際，もし α が A_1 に所属するなら，A_2 には所属しないのですから「つねに $x < \alpha$」であることはありえません．すなわち，x の取りうるある値に対して $x \geqq \alpha$ となりますが，x は「絶えず増加する」のですから x の取りうる値のうちのある値から先のすべてに対して不等式 $x > \alpha$ が成立します．ところが x の取りうる値はすべて A_1 に所属します．なぜなら，x のどの値についても，それよりも大きい x の値が必ず存在するからです．すると，これで α は A_1 の最大数ではないことになって矛盾に逢着します．

これで α は A_2 の最小数であることがわかりましたから,つねに不等式 $x < \alpha$ が成立します.しかも x は「絶えず増加する」のですから,A_1 のどのような数 α_1 に対しても,x の取りうる値のうちのある値から先のすべての値について $\alpha_1 < x$ となります.二つの不等式を合わせると $\alpha_1 < x < \alpha$ となりますが,差 $\alpha - \alpha_1$ はどれほどでも小さくなりうるのですから,デデキントが書いた収束の定義により x は α に収束すると判断されます.

『解析概論』では単調な有界数列が取り上げられていたのに対し,デデキントは絶えず増加する有界な変化量を考察しています.『解析概論』ではデデキントの定理の次にヴァイエルシュトラスの定理が配置されていましたが,証明の仕方をよく見ると,デデキントの証明ではヴァイエルシュトラスの定理に相当する部分が証明の中に繰り込まれていることがわかります.『解析概論』ではデデキントの証明と同じことが数列に対して繰り返されているのですが,ではなぜ変化量という概念は消失してしまったのでしょうか.こんなところにも考えなければならない問題が顔を出しています.

極限と無限大数

ここまでのところで「有界なる単調数列は収束する」という命題が「実数の連続性」に基づいて証明されました.これが『解析概論』の定理6で,第8頁に記されています.これを基礎にするといろいろな数列について収束することが確かめられます.『解析概論』には5個の例が挙げられていて,一瞥しただけでは収束するのかどうか判別しがたいものが揃っていますが,どれも定理6の適用例になっています.一番重要なのは一般項が

$$a_n = \left(1 + \frac{1}{n}\right)^n$$

で与えられる数列で,単調に増加してしかも有界であることを確かめて,収束するという判断がくだされます.その極限値を e と書きますが,これは自然対数の底です.この数列が収束すること自体は古くから知られていたことで,一例を挙げると,オイラーの著作『無限解析序説』(1748年)には

$$e^z = \left(1 + \frac{z}{i}\right)^i$$

という等式が書かれています.ここで z は変化量ですが,実変化量でも複素変化量でもどちらでもかまいません.i は何かというと「無限大数」です.

オイラーの著作を見ても無限大数というものの定義は見あたらないのですが，文字通りに受け止めれば「どのような数よりも大きい数」ということになります．実際には存在しない数であり，今の目には奇妙に映じることと思いますが，オイラーは別に痛痒を感じることもなく無限大数も無限小数も平然と使っています．このあたりも「数」の観念と同じことで，数を定義する文言がなくても確固とした実在感が維持されていれば問題は生じません．それなら通常の数も無限大数，無限小数も同じことです．

ここに疑問を感じるとデデキントのようになります．デデキントは数とは何かを語る文言がないというので不安に思い，「有理数の切断」というアイデアに誘われました．それと同様に無限大数や無限小数に不安を感じる人が現れても不思議ではなく，デデキントに先立ってコーシーが現れて，無限大数と無限小数を退けて極限の概念を提案しました．無限大数や無限小数を直截に考えるのではなく，「限りなく大きくなる」，「限りなく小さくなる」という状況を考えるというアイデアですが，コーシー以降，広く受け入れられました．これも厳密化と言われる傾向の一環です．

ただし，言葉のない観念に言葉を与えるだけでのことですから，どのようにしても自然対数の底 e の数値が変化することはありません．実在感は揺るがずに，表現する言葉が変るだけですから，言葉はいわば実在感にまとわせる衣裳のようなものです．

区間縮小法

『解析概論』の第 1 章，第 5 節のテーマは区間縮小法です．実数直線上で閉区間の系列

$$I_n = [a_n, b_n] \quad (n = 1, 2, \cdots)$$

を考えるのですが，各々の区間 I_n はひとつ手前の区間 I_{n-1} に含まれて，しかも区間 I_n の幅 $b_n - a_n$ は n が限りなく増大するのに伴って限りなく小さくなるものとします．このとき，これらのすべての区間に共通に所属する点がただひとつだけ存在します．これが「定理 7」で，この定理によって各区間に共通のひとつの数を決定する手順を指して，『解析概論』は区間縮小法と呼んでいます．

「点」が存在すると言いましたが，それは区間を実数直線上に投影して線

分のように見たからで，実際にはそのような幾何学的直観とは無関係に，その点に対応する「数」が存在すると言いたいのです．各区間に共通の「ひとつの数」が決定されると言い直しているのはそのためです．実数直線上で考えると，共通の点が存在することも，その点がただひとつであることも，みなあたりまえに思えます．

　もう少し補足すると，区間 I_n の左端 a_n は単調に増大して上方に有界な数列を作りますから収束し，右端 b_n は単調に減少して下方に有界な数列を作りますからやはり収束します．そこで

$$\lim_{n \to \infty} a_n = \alpha, \quad \lim_{n \to \infty} b_n = \beta$$

と置くと，実は $\alpha = \beta$ となるというのが定理 7 の中味です．「単調な有界数列は収束する」という命題に基づいて証明が遂行されるのですから，実数の連続性と連繋していると推定されますが，これはそのとおりで，高木先生は区間縮小法から「デデキントの定理」が導かれると宣言して，証明を書いています．そこでは細かい論証がえんえんと続きますが別にむずかしいわけではなく，丹念に追随していけば証明が完結します．ではありますが，あたりまえとしか思えないことを確認する作業がどこまでも続くだけで，たいくつなことはたいくつです．このような作業を強いられるのはなぜなのか，根本の動機がつかめませんので，やさしい議論の連続でありながら追従していくのがつらくなってしまいます．

区間縮小法からデデキントの定理を導く

　『解析概論』の記述に沿って証明の流れを再現してみます．デデキントの定理の証明をめざすのですから，実数の切断 (A, B) を任意に取ります．目標は，この切断には隙間がないこと，言い換えると下組 A に最大数があるか，あるいは上組 B に最小数があるかのいずれかであること，しかもありうるのはどちらか一方のみであることを示すことです．

　まず A と B からそれぞれひとつずつ数 a, b を取り出して区間 $I_0 = [a, b]$ を作ります．a と b の中間に位置する数 $\dfrac{a+b}{2}$ は A と B のどちらかに所属しますが，A に所属する場合には

$$a_1 = \frac{a+b}{2}, \quad b_1 = b$$

と置き，B に所属する場合には

$$a_1 = a, \quad b_1 = \frac{a+b}{2}$$

と置いて区間 $I_1 = [a_1, b_1]$ を作ります．この区間 I_1 の左端は A に属し，右端は B に属しています．二つの区間 I_0, I_1 の大きさはどうかというと，I_0 の大きさは $b-a$，I_1 の大きさはその半分の $\frac{b-a}{2}$ で，$b_1 - a_1 = \frac{b-a}{2}$ という等式が成立します．

この手順を繰り返して区間 $I_2 = [a_2, b_2]$ を作ると，a_2 は A に属し，b_2 は B に属して，等式 $b_2 - a_2 = \frac{b_1 - a_1}{2} = \frac{b-a}{4}$ が成立します．このようにして区間の減少列

$$I_0 \supset I_1 \supset I_2 \supset \cdots \supset I_n \supset \cdots$$

$$I_n = [a_n, b_n], \quad b_n - a_n = \frac{b-a}{2^n}$$

$$(n = 1, 2, 3, \ldots)$$

が構成されます．等式 $b_n - a_n = \frac{b-a}{2^n}$ を見ると，区間 I_n の幅 $b_n - a_n$ は n が増大するのにつれて限りなく小さくなることがわかりますから，区間縮小法の適用が可能な状勢が整えられていて，一個の数 s が確定します．s は単調増加数列 a_n の極限値であり，しかも同時に単調減少数列 b_n の極限値でもあります．位置関係を確認しておくと，

$$a_1 \leqq a_2 \leqq \cdots \leqq a_n \leqq \cdots \leqq s \leqq \cdots \leqq b_n \leqq \cdots \leqq b_2 \leqq b_1$$

というようになっています．

この s は A と B のどちらかに所属します．

まず s は A に属するとしてみます．s よりも大きい数 s' を取ると，数列 b_n は s に収束するのですから $s < b_n < s'$ となる b_n が存在します．B に属する数 b_n よりも大きい以上，s' は B に属するほかはありません．これで，s よりも大きい数はどれもみな B に属することがわかりましたが，これをまた言い換えれば，s は A の最大数ということになります．B には最小数はありません．実際，B の最小数が存在するとして，それを s' としてみます．s が

A に属する以上，不等式 $s < s'$ が成り立つのは当然ですが，その場合，前と同じ議論により $b_n < s'$ となる b_n が存在します．ところが b_n は B に属するのですから，この不等式は s が B の最小数であるという仮定に反します．これで B の最小数は存在しないことがわかりました．

s が B に属する場合には，まったく同様の議論を繰り返すことにより，s は B の最小数であり，A には最大数がないことが判明します．これでデデキントの定理が証明されました．

アルキメデスの原則

区間縮小法を前提として，そこからデデキントの定理が導かれましたが，厳密に検討すると前記の証明には一箇所だけ問題があります．それは等式 $b_n - a_n = \dfrac{b-a}{2^n}$ に関することで，これを見れば一目瞭然，区間 I_n の幅 $b_n - a_n$ は n が増大するのにつれて限りなく小さくなると書きましたが，あたりまえのように見えて決してあたりまえではないということになっています．これは実は「アルキメデスの公理」と言われているもので，『解析概論』でいうと第 3 章「積分法」の最初の第 28 節「古代の求積法」に「アルキメデスの原則」という呼称で登場します．該当箇所を再現すると次のとおりです．

> ε と a が与えられた正数ならば，（ε がいかに小さく，a がいかに大きくても）$n\varepsilon > a$ になるような自然数 n が必ず存在する．

これを要するに自然数の系列 $1, 2, 3, \ldots$ は限りなく大きくなるということで，あまりにもあたりまえというほかはありませんが，実数の連続性に包摂されるというところに，厳密性を墨守するという立場からすると重い意味合いが現れています．

実際，『解析概論』の記述を尊重して「アルキメデスの原則」と呼ぶことにしますが，もしアルキメデスの原則が成り立たないとすると，すべての自然数 n に対して不等式 $n\varepsilon \leqq a$ が成立します．これは $n \leqq \dfrac{a}{\varepsilon}$ と同じことですから，これによって自然数の全体は有界な集合であることになり，ヴァイエルシュトラスの定理により上限 s が存在します．すると，上限というものの定義により，s よりも真に小さい数 $s-1$ に対し，$s-1 < n \leqq s$ となるような何らかの自然数 n が存在します．これより $s < n+1$. したがって自然数の全体の作る集合の上限 s よりも大きい自然数 $n+1$ が見つかったことになり

ますが，これはありえないことです．この矛盾はアルキメデスの原則を認めなかったことに起因して発生するのですから，どうしてもアルキメデスの原則を承認しないわけにはいきません．

『解析概論』ではヴァイエルシュトラスの定理からアルキメデスの原則を導いていますが，「単調な有界数列は収束する」という命題を前提として証明することもできます．実際，アルキメデスの原則は a が数列 $\{n\varepsilon\}$ の上界ではないことを主張しているのですが，これを示すために a は $\{n\varepsilon\}$ の上界であると仮定してみます．すると，$\{n\varepsilon\}$ は単調に増加して，しかも上方に有界な数列であることになりますから，仮定により収束し，その極限値はこの数列の上限 s です．したがって，すべての自然数 n に対して不等式 $n\varepsilon \leqq s$ が成立します．ε は正の数ですから $s-\varepsilon < s$ となりますが，これは $s-\varepsilon$ が $\{n\varepsilon\}$ の上界ではないことを示しています．それゆえ，ある n に対して $s-\varepsilon < n\varepsilon$ となります．これより $s < (n+1)\varepsilon$ となりますが，$n+1$ もまた自然数であり，$(n+1)\varepsilon$ は数列 $\{n\varepsilon\}$ に所属しているのですから，これは矛盾しています．これで a は数列 $\{n\varepsilon\}$ の上界ではないことがわかり，アルキメデスの原則が確かめられました．

アルキメデスの原則は自然数列 $\{n\}$ が限りなく大きくなるというのと同じことですが（上記の証明と同じ議論を繰り返せば容易に確かめられます），これを承認すれば，そのとき 2^n という形の数の系列 $\{2^n\}$ もまた限りなく大きくなることになりますから，数 $\dfrac{1}{2^n}$ は増大する n とともに限りなく小さくなることがわかります．

実数の連続性のいろいろな表現

区間縮小法の説明に続いて，高木先生は「実数の連続性に関する四つの基本定理」を書き並べました．

 (I) デデキントの定理（定理1）
 (II) ヴァイエルシュトラスの定理（上限または下限の存在．定理2）
(III) 有界な単調数列の収束（定理6）
(IV) 区間縮小法（定理7）

 (I) のデデキントの定理は定理とは言いながら証明はなく，無条件で承認して，いわば公理のように取り扱うというのが『解析概論』の基本方針でした．

(I) から (II) が導かれ，(II) から (III) が導かれ，(III) から (IV) が導かれましたが，もうひとつ，アルキメデスの原則もまた (III) に基づいて証明されました．そうして (IV) とアルキメデスの原則を受け入れると，そこから (I) が導かれるのですから，上記の四つの定理は論理的に見る限り同等です．『解析概論』では (I) のデデキントの定理をもって「実数の連続性」と呼びましたが，その選択に必然性があるわけではなく，他の三つのどれを公理として採用してもさしつかえないことになります（重ねて注意を喚起しておくと，(IV) についてはアルキメデスの原則も付け加えておきます）．

「実数の連続性」の表現様式はこれで四つになりましたが，それらの文言はどれもあたりまえのことのように見えますし，同等であることを示す証明の道筋をたどっても平板な論証が淡々と続くのみでいかにもたいくつです．いったいなんのためにこのようなことをしているのだろうという疑問に襲われて，読み進めるのがつらくなってしまうほどですが，強いて言えば「有界な単調数列の収束（定理6）」は有益な感じがします．収束するかどうか，見ただけではわからない数列もあるからですが，ではそもそも『解析概論』という書物において真っ先に数列を考察するのはなぜなのでしょうか．

実数の連続性のもうひとつの表現

素朴な疑問は尽きませんが，ひとまず『解析概論』の記述に追随して第1章，第6節「収束の条件 コーシーの判定法」に移ると，**コーシー列**が登場します．数列 $\{a_n\}$ がコーシー列であるというのは，

任意の $\varepsilon > 0$ に対応して番号 n_0 が定められて，

$$p > n_0, q > n_0 \text{ なるとき } |a_p - a_q| < \varepsilon$$

となる．

という性質が備わっていることをいうのですが，広く普及しているにもかかわらず『解析概論』にはコーシー列という言葉はなく，数列 $\{a_n\}$ が収束するための必要十分条件としてこの性質が記されています（定理 7）．藤原先生の『数学解析』では**基本列**という言葉が使われています．

必要十分条件とはいうものの，必要であること，言い換えると「収束する数列はコーシー列である」ということは即座にわかります．イプシロン = n_0

論法を適用して不等式を書けばいいのですが，収束列はある一定の極限値 α に限りなく近づいていく以上，その α に近づくにつれて数列を作る数と数もまた限りなく接近していくのはあたりまえのことのような感じがあります．その感じを不等式を書いて表記したのがコーシー列ですから，ここでもまた定義の根底には感情が控えていることがわかります．

十分条件であること，すなわち「コーシー列は収束する」こともまたあたりまえのような気がするのですが，収束していく先の極限値が存在することを明示しなければなりませんので，存在の証明ということになると，これを支えるのは実数の連続性です．実際，『解析概論』では，「定理の核心は条件が十分なることである」と宣言して，区間縮小法によって証明しています．

そこでコーシー列の収束と実数の連続性との関係を精密に詰めていくとどのようになるのかというと，実は同等です．もう少し詳しく言うと，前節で「実数の連続性に関する四つの基本定理」を挙げましたが，ここにもうひとつ，

(V) コーシー列は収束する．（論証の精密さを重く見て，前節の (IV) でそうしたのと同様に，ここでもまた「アルキメデスの原則」をここに書き添えておきます．）

という第5番目の基本定理が加わることになります．『解析概論』では四つの基本定理とは別個の一定理として挙げられているのみに留まっていますが，杉浦光夫先生の『解析入門 I』（東京大学出版会，1980 年）では基本定理の仲間に数えられています．

デデキントの立場に立ち返って「実数の創造」ということを考えてみると，数の理論においてコーシー列の占める位置がにわかに明るみに出されます．なぜなら，デデキントが有理数の切断を通じて実数を創ったように，コーシー列もまた実数を創ると考えることができるからで，実際にカントールはこれを実行に移しました．

カントールというのは無限集合論で名高いドイツの数学者ゲオルク・カントールのことですが，前にデデキントの著作『連続性と無理数』を紹介したおりに（17 頁参照），デデキントが序文を書いていたちょうどそのとき，正確に言うと 1872 年 3 月 20 日に，カントールの論文「三角級数の理論の一定理の拡張について」が届いたことに触れておきました．カントールはフーリエ級数の収束性に関心を寄せているのですが，そのためデデキントと同じ心

肖像 2.3 カントール

情に襲われて,実数の姿をこの手につかむ概念上の装置を考案しなければならなくなりました.デデキントの「有理数の切断」に対し,カントールが目を留めたのは「有理数のコーシー列」でした.

有理数のコーシー列で実数を創る

カントールはまずはじめに有理数の無限列

(1) $$a_1, a_2, \ldots, a_n, \ldots$$

を書き,この数列に対して,「差 $a_{n+m} - a_n$ は,正の整数 m が何であっても,増大する n とともに限りなく小さくなる」という性質を要請します.これだけでもすでに既述のコーシー列の定義のとおりになっていますが,カントールはこれを,

> 任意に取られた正の有理数 ε に対し,ある整数 n_1 が存在して,$n \geqq n_1$ となる n と任意の正整数 m に対して $|a_{n+m} - a_n| < \varepsilon$ となる.

と言い換えています.こうすると『解析概論』に出ているコーシー列の定義と同じですが,ひとつだけ異なるのはカントールは ε を有理数としているところです.

有理数のコーシー列を書き下して，さてそれからどうするのかというと，カントールは数列 (1) がコーシー列を作るという性質それ自体を，

　　数列 (1) はある定まった極限 b をもつ．

という言葉で言い表すことにすると言葉を続けました．いくぶんわかりにくい感じがするのは否めませんが，これは「コーシー列は収束する」という命題を述べたのではなく，コーシー列であるという性質を述べたのであり，それ以外の意味はないとわざわざ強調しているほどですから，この言い回しでは誤解されかねないと自分でも気にしていたのでしょう．

　有理数のコーシー列 $\{a_n\}$ に対してある特定の数値 b を附随させるところにカントールの真意があるのですが，極限 b と呼ばれる数の実体はコーシー列それ自体です．デデキントの場合には有理数の切断がそのまま一個の実数を定めましたが，それと同様に，カントールの場合には有理数のコーシー列により一個の実数が創り出されたことになります．もっとも二つ以上のコーシー列から同一の実数が創り出されることもありますから，正確を期すには，それらのコーシー列は区別しないことにするための技術的な注意事項を書き添えておく必要があります．二つの有理数のコーシー列 $\{a_n\}$, $\{b_n\}$ について，どのような場合にこれらを同等と見るのかということを規定しなければならないのですが，イプシロン＝n_0 論法の流儀を適用して，任意の正の有理数 ε に対応してある番号 n_0 が定められて，n_0 よりも大きいすべての n に対して不等式

$$|a_n - b_n| < \varepsilon$$

が成立することとすればよさそうです．

　実数を創る方法はさまざまですが，デデキントもカントールも心に描かれた「数」のイメージは同一で，それぞれ工夫して提案した表現様式が異なるだけですから，論理的な視点から見るとどちらも同等ですし，またそうでないと困ります．デデキントは『連続性と無理数』の序文を執筆中の 1872 年 3 月 20 日にカントールの論文を見たのですが，急いで通読したところ，カントールが表明した公理は，「その扮装の外形をのぞけば，私が第 3 章で連続性の本質として述べているものと全く一致している」という所見を書き留めました．実数を有理数のコーシー列と見ようとするカントールの立場に立って実数の連続性を語るのであれば，「実数のコーシー列は実数を定める」と

肖像 2.4 コーシー

いうように言い表されます．これを「実数のコーシー列は収束する」と言い換えても同じことになりますが，それなら「扮装の外形」を別にすればデデキントのいう実数の連続性と一致します．デデキントの目には一目瞭然だったのでしょう．

コーシー列の由来

　カントールが依拠したコーシー列というアイデアは，その名のとおりコーシーに由来します．コーシーに全5巻という大きな著作『数学演習』があり，書名を見ると問題集みたいですが，実際には論文集です．第2巻の刊行は1827年．そこに「級数の収束について」という論文が収録されています．コーシーの全集は2系列に分けて編纂されていて，第1系列は全12巻，第2系列は全15巻．計27巻です．論文「級数の収束について」は第2系列の第7巻に収録されています．

　コーシーは数列ではなく級数の収束性を問題にしているのですが，級数というのは無限級数のことで，

$$s = u_1 + u_2 + u_3 + \cdots$$

という形に表示されます．このように書くと即座に問題になるのは無限に多くの数の和というものの意味ですが，コーシーはこれを数列の収束に帰着さ

せて考えようとしています．具体的にいうと，次々と途中までの和を作り，

$$s_1 = u_1, \ s_2 = u_1 + u_2, \ s_3 = u_1 + u_2 + u_3$$

一般に第 n 項までの和

$$s_n = u_1 + u_2 + u_3 + \cdots + u_n$$

を作ります．これを第 n 部分和と呼ぶこともあります．このようにして作った数列 $\{s_n\}$ がある極限値 s に収束するなら，与えられた級数は「収束する」と言い，極限値 s を級数の「和」と呼びます．これに対し，数列 $\{s_n\}$ が収束しないなら，与えられた級数は和をもたないと判定し，この状況を指して「発散する」とコーシーは言い表しました．

問題は収束条件ですが，コーシーは必要十分条件を書き留めています．それは，n と m は任意の自然数として，差

$$s_{n+m} - s_n = u_n + u_{n+1} + \cdots + u_{n+m-1}$$

を作るとき，n が限りなく大きくなるのにつれてこの差は限りなく小さくなる，という条件です．コーシーは日常語でこのように表記したのですが，これを言い換えると，数列 $\{s_n\}$ が収束するための必要十分条件として「コーシー列であること」を挙げたことになり，『解析概論』の定理 8 と同じです．コーシーの目にはあたりまえのことのように見えたようで，証明は記されていませんが，もしあたりまえではないかもしれないと思ったなら，証明したいという心情に襲われるのではないかと思います．その心情こそ，微積分の厳密化への第一歩です．

この点を掘り下げていくと，根底には「実数の定義」が横たわっているという認識に達しますが，同時期に幾人もの人が同じ気持ちになったようで，その結果，いろいろな定義が登場したのでした．カントールなどは「コーシー列は収束する」というコーシーの言葉をいわば逆手にとって，有理数のコーシー列そのものを実数と見るというアイデアを提示したほどでした．

コーシー以前の無限級数

コーシーは無限級数の収束と発散の概念を言葉で言い表しましたが，『解析概論』でいうと第 4 章「無限級数　一様収束」の第 1 節「無限級数」の冒

頭に，コーシーが書いた定義と同じ文言で，無限級数の収束性の概念規定が記されています．コーシー以前の状況はどうかというと，別段，無限級数の収束性の定義というものは存在しませんでした．コーシー以前の数学はあいまいだったと言われることがあり，級数の収束性の概念を語る言葉の欠如はその顕著な一例と見られているのではないかと思いますが，このあたりの消息は実数の定義もしくは創造が行われた状況とよく似ています．

　デデキントやカントール，あるいはまたヴァイエルシュトラス，ハイネ，メレーなどという人びとが現れる前は数の定義は存在しませんでしたが，それでもみな数を知っていました．数とは何かと問われることもなかったと思いますし，問われたとしてもこの問いに答える文言は存在しなかったのですから，知的もしくは論理的に見ると数は存在しなかったというほかはありませんから，数を知っているというのは感情の働きです．

　このような事情は無限級数の場合にも同様です．際立った事例を挙げると，ヤコブ・ベルヌーイは1682年に公表した無限級数に関する論文において自然数の逆数の和

$$\frac{1}{1} + \frac{1}{2} + \frac{1}{3} + \cdots + \frac{1}{n} + \cdots$$

は発散することを示しました．自然数の逆数を次々と加えていくと，あらゆる限界を越えてどこまでも増大していくことを確認したのですが，ヤコブは前もって収束と発散の定義を提示して，その定義の文言と照らし合わせて「収束しないから発散する」という結論を導いたわけではありません．この級数は「調和級数」と呼ばれています．

　あるいはまたヤコブは同じ論文の中で自然数の平方数の逆数の和

$$\frac{1}{1^2} + \frac{1}{2^2} + \frac{1}{3^2} + \cdots + \frac{1}{n^2} + \cdots$$

を取り上げて，収束することを示しました．和の数値を正確に求めることはできず，おおよそこのくらいと見当をつけるところまでで留まりましたが，収束や和の概念が表明されたわけではありません．

　この和を決定する問題は「バーゼルの問題」と呼ばれ，オイラーが和の数値 $\frac{\pi^2}{6}$ を算出して解決しました．『解析概論』で見ると，255頁にこの数値が出ています．オイラーはヤコブの弟のヨハン・ベルヌーイを数学の師匠にもつ人で，ベルヌーイ兄弟もオイラーもスイスのバーゼルが生地でした．それ

肖像 2.5 ヤコブ・ベルヌーイ

が「バーゼルの問題」という呼称の由来です.

コーシー以前に現れた無限級数の例をもう少し挙げると,「ライプニッツの級数」と呼ばれる級数

$$1 - \frac{1}{3} + \frac{1}{5} - \frac{1}{7} + \cdots$$

などはよく知られています. 自然数の逆数を交互に加えたり引いたりするのですが, ライプニッツはこの級数の和 $\frac{\pi}{4}$ を正しく求めました.『解析概論』の 199 頁に出ています. もうひとつ, これは数列の例ですが, 一般項を

$$a_n = \frac{1}{1} + \frac{1}{2} + \frac{1}{3} + \cdots + \frac{1}{n} - \log n$$

と定めるとき, 数列 $\{a_n\}$ は収束することをオイラーが示し, その極限値を C という文字で表しました. 1734 年のことで, 定数 C は「オイラーの定数」と呼ばれています.『解析概論』の 161 頁に紹介されていて, 近似値 $0.5772156\cdots$ も記されていますが, 高木先生は「C の数論的の性質は未知である」と明記して,「例えば C が非有理数(無理数)であるかどうかも知れていない」と言い添えました.

ライプニッツもオイラーも無限級数や数列の収束の定義を書いていませんが, 個別の事例について正しい判断に導かれました. この状況を指して曖昧

肖像 2.6　ポアンカレ

と見る批評はあてはまりません．

ポアンカレの言葉 (1)：厳密な数学と厳密ではない数学

　ポアンカレは 19 世紀の後半期を生きて 20 世紀に入ってまもないころ，第 1 次大戦の始まる前に亡くなった数学者ですが，数学や物理学，天文学などに取材したテーマをめぐってエッセイを書き綴った人でもありました．おりしも数学の厳密化ということがポアンカレの眼前で進行しつつあった時期にあたり，ポアンカレとしても数学とは「どのような学問なのだろうか」という問いをみずからに問わなければならなかったのでしょう．刊行順に挙げると『科学と仮説』，『科学の価値』，『科学と方法』，『科学者と詩人』，『晩年の思想』という五冊のエッセイ集が並びますが，これまでに観察してきた事柄と関係のありそうなポアンカレの言葉を

　　『科学と方法（*Science et Méthode*）』（1908 年．訳：吉田洋一，岩波文庫）

から拾ってみたいと思います．

　　　前世紀の中頃（註：19 世紀の中ごろ）以来，数学者は絶対的厳密に達しようとして次第々々に心を用いるようになった．きわめてもっ

Bibliothèque de Philosophie Scientifique
Directeur : Paul Gaultier, de l'Institut

HENRI POINCARÉ
Membre de l'Institut

Science
et
méthode

FLAMMARION
26, Rue Racine, Paris

図 2.1 『科学と方法』扉.

> ともな次第であって，この傾向は今後も漸次勢を増して来るであろう．厳密のみが数学の全部ではない．しかし厳密がなければ数学は何の価値もない．厳密でない證明は無にひとしい．何人もこの真理を否定するものはあるまいとわたくしは信ずる．

デデキントやカントールが実数を定義をしようとして思索を重ねたのは，ポアンカレのいう「絶対的厳密に達しよう」とする心に根ざしています．ポアンカレはその心情に深い理解を示していますが，ここで「しかし」と言葉をあらためて，「これをあまりに文字どおりにとるならば，たとえば1820年以前には数学はなかったと結論するの止むなきにいたるであろう」と言い添えました．この結論は明らかに極端にすぎるというのがポアンカレの所見ですが，それはそうであろうとだれしも同意することと思います．

> 当時の数学者は，現今吾々が長たらしい論議によって證明することを暗々に仮定してはゞからなかったが，これは何も彼等がそれに心づかなかったという意味ではない．たゞ彼等はあまり急いだため，深く触れずに通過してしまったのである．その点を詳らかにしようとしたならば，それを明示するだけの労をとらなければならなかったのである．

これもおもしろい指摘です．ポアンカレのいう「現今吾々が長たらしい論議によって證明すること」というのは何を指しているのか，気にかかりますが，少し先に進むと微分方程式の話が出てきます．微分方程式を解くという場合，求めようとする未知の関数が既知の関数を用いて表されたなら，その方程式は解けたような気がします．そうでなければ解けないという判断が下された時代は確かにありましたが，既知関数の種類は限られていることですし，この視点に立つとたいていの微分方程式は解けないことになってしまいます．そこで視点を転換して，「性質的に」解けばよいという考え方が現れました．これを言い換えると，「未知函数の表す曲線の一般の形」を知ろうとすることで，ほかならぬポアンカレ自身がこの探究に端緒を開きました．

さらにもうひとつの視点もありえます．それは未知関数を収束する無限級数で表すことで，これが可能なら関数の数値の近似値を算出することができるようになります．ですが，「これは，真の解と見做し得るであろうか」と疑問を投げかけました．ニュートンはライプニッツに宛てて

60　第 2 章　実数の創造と実数の連続性

$$aaaaabbbeeeeii, \text{etc.}$$

という謎めいた文字列を送付したという話があるそうですが，もちろんライプニッツはまったく理解することができませんでした．ところがポアンカレは今ならわかると明言し，これを現代語に翻訳すると，「わたくしはあらゆる微分方程式を解き得る」という意味であると説明しました．しかもその意味をさらに踏み込んで解釈すると，ニュートンはただ，「提出された方程式を形式的に満足する冪級数を（未定係数法を用いて）つくることが出来る」ということにすぎなかったというのです．

　冪級数というのは

$$\sum a_n(x-a)^n$$

という形の無限級数のことで，これについては『解析概論』でいうと第 4 章「無限級数　一様収束」と第 5 章「解析函数，とくに初等函数」に詳述されています．

　微分方程式の解となるべき未知関数が冪級数で表されたとして，方程式に代入して観察すれば，係数の系列 $\{a_n\}$ が順番に求められるのはまちがいありません．それが「提出された方程式を形式的に満足する冪級数」ということですが，その冪級数が収束するか否かを前もって知ることはできず，ここに越え難い壁があります．ニュートンもそれに気づいていなかったわけではなく，ただあまりに先を急いでいたために深く触れなかったのだと，ポアンカレは言いたかったのであろうと思います．

ポアンカレの言葉 (2)：厳密性の確保と客観性の喪失

　調和級数が発散することや自然数の平方の逆数の和が収束すること，あるいはまたオイラーの定数に向って収束していく数列などの個別の例については，それぞれの特性に応じて観察すれば収束と発散の識別は可能になりそうですし，実際に歴史はそのように推移しました．19 世紀になってコーシーが書き下したような収束，発散の定義はコーシー以前には存在しなかったのですが，17，18 世紀のライプニッツやヤコブ・ベルヌーイ，オイラーは見ればわかったのですから定義は不要でした．収束と発散を語る言葉は欠如していても確固とした観念はあり，その実在感に信頼して歩を進めて正確な結論に達したのでした．

これに対し，微分方程式を満たす未知関数を無限級数の形で表示した場合にはまったく異なる状況に直面します．収束しなければ数値が確定しないのですから意味をもちえませんし，ある変数値に対して収束するとしても，そのような変数の範囲，すなわち級数の収束域を決定しなければなりません．収束と発散の定義が必要になるのはまさしくこの場面であり，ポアンカレの言葉もそのように耳に響きます．

収束するか，発散するか，まったく見当のつかない無限和の形の数式を前にしてどうするのかといえば，収束と発散の概念を言葉で表記して（「定義する」ということです），その文言だけを頼りにして収束発散の判定を試みるという道筋をたどるというのは確かに一理のある考え方です．きわめて大胆な試みで，先鞭をつけたのはコーシーです．

ポアンカレの言葉にもう少し耳を傾けたいと思います．

> 人は直観に信頼していた．しかしながら，直観は吾々に厳密性を与えない．さらには確実性さえも与えない．人は次第次第にこのことを悟ってきた．

直観の働きは，微分方程式の解，すなわち与えられた微分方程式を満たす関数が存在することを示唆します．それなら方程式を満たす無限級数が見つかったなら，それが求める関数でないはずはないと考えたいところですが，必ずしも確実な判断とは言えず，厳密性の欠如が認められそうです．

> この必然的の進化は，如何にして行われたであろうか．人は間もなく，まず定義に厳密性を入れなければ推理に於て厳密性が確立されることは出来ないことを認めるに至ったのである．

絶対的厳密を追い求めると定義の厳密性に帰着していくということで，これについてはもう説明を要しないと思います．

> 数学者の研究する対象は，長い間不完全に定義されていた．感覚や想像力を以て表現し得るの故を以て，これを知れるものと人は信じていた．しかし，人は単に粗笨な像をもっていたに過ぎず，推理の足がかりとなり得る正確なる観念をもっていなかったのである．論理家がその努力を捧げなければならなかったのは，この点であった．不尽数についてもその通りであった．

「不尽数」というのは非有理数（無理数）のことで，実数を定義したいと思う論理家の心が語られています．論理家というのはデデキントやカントールたちのことです．続いて語られるのは，厳密に向かう傾向に寄せるポアンカレの所見です．厳密性の追求は客観性の喪失という犠牲を伴うというのですが，厳密性が遍在する今日の数学に慣れた目にはいくぶん異様に映じます．

> しかしながら，人は数学は何等犠牲を払うことなしに絶対的の厳密性に到達したと信ずるであろうか．決してそうではない．数学は厳密性に於て得るところがあったが，客観性に於て失うところがあった．その完全な純粋性を獲ち得たのは，現実から遠ざかることによってであった．人は，かつては一面に障害物に被われていた数学の領土内を自由に馳駆することができるが，かかる障害は消滅したのではない．ただ国境に移されたに過ぎないのであって，実用の王国に突進するためにこの境界を飛び越えようと欲するならば，あらためてこの障害を征服しなければならないであろう．

前に実数の連続性を表現する五つの命題を挙げました．それらのどれをとってもあたりまえのことのように見えるのですが，平明な論証を重ねることにより論理的な相互関係が明るみに出されてみな同等になり，見通しのよい光景が現れました．ではありますが，これは五つの命題が「証明された」というのではなく，どれかひとつを公理のように扱って，高木先生の言葉によれば「承認されたものとして，それを基礎として，理論を組立てることにする」というのでした．このような状況を指して，ポアンカレは「障害は消滅したのではない．ただ国境に移されたにすぎない」と語ったのであろうと思います．まことに恐るべき指摘です．

3　微積分の厳密化とは

変数と変化量

『解析概論』の観察は第1章，第6節まで進みました．第7節は「集積点」．次の第8節「函数」ではいよいよ関数が登場します．高木先生は「函数」と表記していますが，『解析概論』からの引用の場合にはこれに従うことにして，それ以外の場所では「関数」と表記することにします．

関数は微積分の基本中の基本の基礎概念で，微分をするのも「関数を微分する」のですし，積分するのでも「関数を積分する」のですから重要性においてこれにまさるものはありません．デデキントは実数の定義の仕方から始めて，実数の連続性をめぐってほとんど百万言を費やしましたが，それも関数の諸性質について厳密性の要請に耐えうることを語るためでした．

　『解析概論』の記述に沿って関数の定義を確認しておきたいと思います．まず変数の定義ですが，実数直線上で区間 $[a,b]$ が与えられたとき，$a \leqq x \leqq b$ となる数 x はこの区間に属するということにして，「もしも我々が x にこの区間に属する任意の数値を与えようと欲するならば，x をこの区間における変数という」と，高木先生は書いています．紙の上に x という文字を書いただけではただの文字ですからまだ変数ではなく，その x にいろいろな数値を与えようとする意志が示されてはじめて変数になるということのようですが，このあたりもわかりにくいところです．

　高木先生は，「そのとき x はこの区間内において自由に変動しうるのである」と言い添えていますが，あらためて考えてみると x はこの区間内の数を一般的に表わす記号というだけのことで，別段，それ自体にエンジンがついていて自動的に区間内を動き回るというわけではありません．「変数」というと「変化する数」の略称のような感じがしますが，英語による表記では variable が該当し，「変化しうる」，「変りやすい」という意味の形容詞が名詞として使われています．「変化する数」をそのまま英語に移せば a variable number となりますが，今日の微積分のテキストではめったに目にすることはありません．

　フランスの数学者にエドゥアール・グルサ（1858–1936 年）という人がいて，

　　『数学解析教程（*Cours d'analyse mathématique*）』

という非常に有名な微積分のテキストを書きました（前に話題になったことがあります．4–5 頁参照）．初版は全 2 巻でそれぞれ 1902 年，1905 年刊行．第 2 版は全 3 巻でそれぞれ 1910 年，1911 年，1913 年に刊行．その後も第 3 版，第 4 版と版を重ねました．初版の第 1 巻を見ると，une variable という言葉に出会います．英語表記と同じ綴りですが，女性名詞として使われていて，これを日本語に移すと「変数」という訳語があてられます．ですが，同

じグルサのテキストには une quantité variable という言葉もあります．ここでは variable は形容詞で，quantité は「量」という意味ですから，「変化しうる量」，「変化量」という訳語があてはまります．変化量と対をなすのは「変化しない量」で，英語では constant です．「不変の」，「一定の」という意味の形容詞ですが，名詞として使われて「定数」と訳出されます．

変化量なら微積分のはじまりのころから使われていた伝統的な用語で，ライプニッツもベルヌーイ兄弟（兄のヤコブと弟のヨハン）の論文にも見られます．1748 年に刊行されたオイラーの著作『無限解析序説』（全 2 巻）の第 1 巻，第 1 章の章題は「関数に関する一般的な事柄」というのですが，ここで真っ先に語られるのは「定量」と「変化量」です．定量の原語は quantitas constans，変化量の原語は quantitas variabilis．ラテン語による表記ですが，英語やフランス語でも形がほんの少し変るだけでそのまま移されます．量という概念も正確を期すとむずかしいことになりそうですが，「変化しないもの」と「変化するもの」に出会うのは日常の生活体験ですから，「定量」と「変化量」のほうが「定数」と「変数」よりも受け入れやすいような感じがあります．

このあたりの消息に関連して，次に挙げるポアンカレの言葉が参考になると思います．前と同じ『科学と方法』からの引用です．

> 人は，ちぐはぐな要素によって形づくられた朧げな概念をもっていた．その要素の或るものは先天的であり，他のものは多少とも消化された経験から来るものであった．人は直観によってその主要な性質を知ったと信じていたのである．今日では先天的要素のみを残して，経験的要素を除外する．定義の役をするのはその性質のうちの一つであって，他のすべての性質は厳密な推理によってそれから演繹される．これはきわめて結構なことであるが，なお定義となったこの性質が，吾々が朧ろげな直観的概念を引き出した源たる，吾々が経験によって知り得たところの現実の対象に正しく属することを証明する仕事が残っている．これを証明するには，経験に訴えるか或は直観の努力を借りなければならない．もしこれを証明し得なければ，吾々の定理は完全に厳密ではあるが，しかも完全に無益なものとなるであろう．

「定量」と「変化量」は経験的要素によって形作られたおぼろげな概念で，直観の力の働きによって取り出されたのだとポアンカレは言いたそうです．これに対し「定数」と「変数」のほうはいかにも先天的要素のような感じがしますが，実際にこちらだけを残して「定量」と「変化量」は除外されました．『解析概論』に書かれている変数の定義を見ると，「変数 x」とはいうものの実際には x 自身は変化するわけではないのですが，variable（英語，フランス語），variabilis（ラテン語）という長い歴史を負う言葉が尾を引いて「変化するもの」という語感が残されることになりました．

変数の関数

量という概念は日々生活の中で経験的に感知されますので，定義がなくてもわからないという感じはありません．数もまた量に密着しています．量と数は古くから共存していたのですが，19 世紀の後半期あたりから量を考えるのはやめて数の概念のみを数学の基礎にするという傾向が現れて，今日ではほぼ定着しています．デデキントやカントールは線分の長さのような幾何学的なイメージと離れた場所で実数の理論を構築しようとしましたが，これを言い換えると量の放棄ということにほかなりません．

この傾向はグルサの『数学解析教程』にも反映しているようで，1902 年に刊行された初版の第 1 巻では une variable quantité（変化量）という言葉が使われていたのですが，1910 年刊行の第 2 版に移ると un nombre variable という明快な言葉に出会います．「変化しうる数」という意味の言葉ですから「変数」そのものです．欧米の数学書でも un nombre variable という直截な用語が用いられる例は今でも少なく，たいていは variable の一語がそのまま使われているという印象がありますが，これを日本語に移す際に変化量ではなく変数という言葉があてられたことの背景には，量の追放という趨勢が控えていると見てよいと思います．

『解析概論』にもどると，変数の概念の導入に続いて関数の定義が語られます．

> 今この区間内における変数 x の個々の数値に対応して，それぞれ変数 y の数値を確定すべき或る一つの基準が与えられたと仮定するとき，y を x の函数といい，特定の函数を示すために特定の文字を用

いて
$$y = f(x), \quad y = F(x)$$
などと書く．

函数 y の値は x の値に伴って変動する．よって x を独立変数，y を従属変数という．

この定義では関数 y は閉区間 $[a,b]$ において定義されていますから，この区間 $[a,b]$ のことを「定義区間」と呼びます．定義区間は閉区間でなければならないということはなく，

開区間 (a,b) $a < x < b$ となる x の全体．区間の両端点 a と b が含まれていません．

半開区間 $[a,b)$ $a \leqq x < b$ となる x の全体．区間の右端点 b が含まれていません．

半開区間 $(a,b]$ $a < x \leqq b$ となる x の全体．区間の左端点 a が含まれていません．

無限半開区間 $(a, +\infty)$ $a < x$ となる x の全体．区間の左端点 a が含まれていません．

無限半開区間 $(-\infty, a)$ $x < a$ となる x の全体．区間の右端点 a が含まれていません．

無限半閉区間 $[a, +\infty)$ $a \leqq x$ となる x の全体．区間の左端点 a が含まれています．

無限半閉区間 $(-\infty, a]$ $x \leqq a$ となる x の全体．区間の左端点 a が含まれています．

でもさしつかえありません．あるいはまた，

$$R = (-\infty, +\infty) \quad \text{実数の全体}$$

としてもかまいませんし，区間でなくても，何かある数の集まり S を設定し，そこで定義された関数を考えることもあります．その場合には S のことを関数の定義域と呼ぶとよいと思います．

関数 $y = f(x)$ を考えるという場合，変数 x が所属する数の範囲については，開区間でなければならないとか，あるいは閉区間でなければならないと

いうような特別の限定が課されることはありませんが，どのような数域であれ，ともかく定義域を明示するのは不可欠です．$f(x) = x^2$ というかんたんな式を作り，単に関数 $y = x^2$ を考えるというのでは不十分で，開区間 $(0, 1)$ において考えるとか，実数全体の作る数域 $R = (-\infty, +\infty)$ において考えるというように，定義域を明示しておかなければならず，たとえ式の形が同じでも定義域が異なれば別の関数と見なければならないことになります．いくぶん奇妙な感じがするのは否めませんが，後に『解析概論』の第 5 章で解析関数を考える際に，関数の定義域について再考する機会があります．

変化しない変数

関数の定義についてはいろいろなことを言わなければなりませんが，『解析概論』に見られる定義によると「y は x の関数である」というとき，x と y はどちらも変数とされています．ところが変数はどのように定義されていたのかというと，まず閉区間 $[a, b]$ を設定し，次に，もしも欲するならば，この区間に属する任意の数値を与えることができるような数のことを言うのでした．それなら x の関数 y もまた変数である以上，何らかの閉区間に属するあらゆる数値を y に与えることができるのでなければならないように考えられるのですが，『解析概論』に挙げられているいろいろな関数を見ると，そのようになっている関数もあればそうでない関数もあります．

このあたりの状況は少々わかりにくく，疑問に襲われがちですが，続いて現れる関数の定義を見ると，変数の属する場所は必ずしも閉区間と限定されているわけではなく，任意の数域 S でもさしつかえないように読み取れます．それなら x の関数 y についても同様で，y が取りうる値の範囲もまた無限定であり，さまざまな形状がありえます．『解析概論』に挙げられている関数の例を見ると，たとえば，区間 $(0, 1)$ において，x が有理数なら $y = 0$，x が無理数なら $y = +1$ と定めると，これで確かに x の関数 y が与えられました．定義域は $(0, 1)$，y の取る値は 0 と $+1$ の二つです．この関数はドイツの数学者ルジューヌ・ディリクレが 1829 年に公表したフーリエ級数に関する論文「与えられた限界の間の任意の関数を表示するのに用いられる三角級数の収束について」に書き留めましたので，**ディリクレの関数**と呼ばれるようになりました．

ディリクレの関数の従属変数 y には「変化する数」の面影はありませんが，

肖像 2.7 ディリクレ

独立変数 x についても状況は同様で，「x が有理数なら $y=0$，x が無理数なら $y=+1$」と「x に対して y の値が対応する関係」が定められるだけですから x は区間 $(0,1)$ 内の任意の数を表す記号というだけのことで，それ自身が自由に変化する必要はありません．実は「変数は変化しない」ということになりますから本当は変数という言葉は適切とは言えないのですが，この呼称はかつて変化量という呼称が行われていた時代の印象の名残りです．

　もうひとつ，注意を喚起しておきたいことがあります．それは「関数の一価性」で，変数 x の各々の値に対応して定まる関数 y の値は 1 個であることが要請されています．『解析概論』の関数の定義にはそのようにはっきりと書かれているわけではないのですが，この書物の全体を通じて関数は常に一価であることが前提とされています．歴史をたどるとオイラーがはじめて関数概念を提示したころは関数は 1 価と決まっていたわけではなく，同一の x に対していくつもの値が対応する関数，すなわち多価関数も許容されていたのですが，ディリクレが 1837 年の論文「完全に任意の関数の，正弦級数と余弦級数による表示について」(「ディリクレの関数」が現れた 1829 年の論文とは別の論文です) であらためて関数概念を語ったとき，そこには「各々の x に対して唯一の有限な y が対応する」と，1 価性が明記されました．

　ディリクレの 2 編の論文はいずれも関数のフーリエ級数展開の可能性を論じるものですが，フーリエ級数で表される関数は必然的に 1 価であるほかは

なく，関数の1価性が要請される理由もまたここにあります．『解析概論』でいうとフーリエ級数は第6章のテーマです．

こうして検討すると，『解析概論』において高木先生が提示した関数概念はディリクレが提案したものであることがわかります．実際，高木先生自身，第5章の冒頭で「§8 に述べたのは函数のディリクレ式定義である」とはっきりと語っています．

連続関数とイプシロン＝デルタ論法

関数の概念それ自体は非常に一般的ですので，中にはディリクレの関数のように実に奇妙なものもあります．『解析概論』の第1章，第8節に関数の例が並べられていますが，ディリクレの関数を「例6」として，「例7」,「例8」,「例9」と不思議な印象の伴う関数が次々と挙げられています．高木先生はこのような関数の例を挙げて，それから，

> 上記例 6–9 のような函数は，一見はなはだ奇怪なものであるけれども，函数の定義を本節の初めに述べたように設定する以上，それらが函数の中に参入することを拒むことはできない．

と，「奇怪な関数」が関数の仲間に入るのがいかにも嫌そうな言葉を書き添えました．嫌でも避けることができないのはなぜかといえば，関数の定義の文言そのものに基づいています．そこで高木先生は「いわゆる自縄自縛である」というのでした．このあたりが『解析概論』ならではの味わいの深い言葉です．

いかにも不思議な印象を与える関数の例として，『解析概論』の「例7」を紹介しておきたいと思います．定義域として開区間 $(0,1)$ を取ります．この区間に属する数 x を2進法で書き表し，それを10進法で読むときの値を $y = f(x)$ と定めます．ただし，2の冪を分母とする有理数は有限2進法で表すことにします．

少々わかりにくいのですが，『解析概論』が挙げている数値例によると，たとえば $x = \dfrac{1}{2}$ を2進法で表すと $x = (0.1)$ となりますから，これを十進法で読んで $f\left(\dfrac{1}{2}\right) = \dfrac{1}{10}$ となります．$x = \dfrac{1}{4}$ の2進法表示は $x = (0.01)$ ですか

ら，$f\left(\dfrac{1}{4}\right) = \dfrac{1}{100}$ となります．

「例 8」では定義域は無限半開区間 $(0, +\infty)$ で，この区間内の x に対して $f(x) = \sin \dfrac{1}{x}$ と定めます．この関数のグラフは，x が 0 に近づいていくのにつれて振動が激しくなり，全体を描くことができません．

「例 9」では定義域として実数の全体 $R = (-\infty, +\infty)$ を取り，x が 0 でなければ $f(x) = x \sin \dfrac{1}{x}$ と定め，$x = 0$ に対しては $f(x) = 0$ と定めます．この関数も $x = 0$ の近くで頻繁に振動するため，グラフが描けません．

実用に適さない関数は確かに存在しますが，あえて奇怪な関数の例を挙げたのは「軽挙な推理に基因する誤謬を警戒するため」ということです．概念を定義して，あくまでも定義から出発するという厳密性を尊重する姿勢を保持する以上，このような関数はありえないなどと軽薄に判断してはならないということに注意を喚起したのですが，それなら実用に適する関数とは何かという問題が発生します．そのためには関数の一般的な定義に何らかの制限を加えて，「実用に適する関数」の範疇を切り取る必要があることになります．このような前置きの後に導入されるのが「連続関数」の概念です．

第 1 章，第 10 節「連続函数」の冒頭で連続関数の定義が語られます．連続関数というのは，「或る区域内において，変数 x が連続的に変動するに伴って連続的に変動する函数 $f(x)$」のことですが，これは日常語による言い回しです．もう少し数学の概念らしく言い換えると，次のようになります．

> 変数 x が限りなく一つの値 a に近づくとき，$f(x)$ もまた限りなく $f(a)$ に近づくならば，$f(x)$ は $x = a$ なる点において連続であるという．

『解析概論』ではこれを記号を使って少し書き換えて，

> $f(x)$ が $x = a$ なる点において連続であるとは，
> $$x \to a \text{ のとき } f(x) \to f(a)$$
> であることにほかならない．

と敷衍（ふえん）しました．このあたりはまだ日常語の範囲内で，イメージをつかみやすいのですが，高木先生は「常例の型で，いわゆる ε-δ 式にいえば」と前置きして，$f(x)$ が $x = a$ において連続である場合には，

正なる ε が任意に与えられたとき，それに対応して正なる数 δ を適当に取って

$$|x-a|<\delta \text{ のとき}, |f(x)-f(a)|<\varepsilon$$

ならしめうるのである．

と言い換えました．これを連続性の定義として採用するのが「常例の型」で，いわゆる**イプシロン＝デルタ論法**による表現です．不等式が二つ書かれているだけで，変数 x が変動している気配はどこにもありません．実に不思議な文言です．

不等式の力

　関数の連続性の概念の提示にあたり，高木先生は日常の言葉による何事でもない言い回しから始めて少しずつ言い換えて，最後にイプシロン＝デルタ論法による表現を書きました．『解析概論』の記述に沿って歩を進めていくと単なる言い換えにすぎないことのように読み取れるのですが，イプシロン＝デルタ論法による表現になると日常語からほど遠く，連続性ということの直観的なイメージからかけ離れています．

　このような表現が現れたのは 19 世紀の半ばのことで，ドイツの数学者ヴァイエルシュトラスがベルリン大学で行った講義において表明したと言われていますが，リーマンもまた，

> 任意の与えられた量 ε に対し，つねに量 α を適切に定めることにより，α より幅の小さい z の区間の内部において，w の二つの値の差が決して ε より大きくならないようにすることができる．

という文言を書き留めています．ここで，w と z は変化量で，w は z の関数です．δ の代りに α が用いられていて，不等式の記号を使わずに日常の言葉で書かれているだけで，イプシロン＝デルタ論法による定義と同じことです．

　ヴァイエルシュトラスとリーマンの前にコーシーも連続関数の概念を語りました．次に挙げるのはコーシーの著作『解析教程』（1821 年）からの引用です．

> 与えられた限界の間で変化量の限りなく小さな増加が関数自身の限

りなく小さな増加をつねに生み出すならば，関数 $f(x)$ はこれらの限界の間で x に関して連続である．

この文言では ε や δ という文字が使われているわけではなく，イプシロン＝デルタ論法そのものというわけではありませんが，「x が a に限りなく近づくとき，$f(x)$ は $f(a)$ に限りなく近づく」という日常語に比べると実質的にイプシロン＝デルタ論法による表現になっています．「x が a に限りなく近づく」というところを「x と a の距離が限りなく小さい」と読み替え，「$f(x)$ は $f(a)$ に限りなく近づく」というのを「$f(x)$ と $f(a)$ の距離は限りなく小さい」と読み替えて，「近さ」を測るのに不等式を用いることにして多少の工夫をこらせばイプシロン＝デルタ論法になりそうです．コーシーはヴァイエルシュトラスやリーマンにも影響を及ぼしたと見てよいと思います．

イプシロン＝デルタ論法による連続性の表現は日常語による表現と本質的に変わるところはなく，この点は高木先生の言葉のとおりです．それならわざわざ不等号に置き換えたのはなぜなのだろうという疑問は残りますが，「x と a が限りなく近い」という日常語はあいまいといえばあいまいです．微積分の草創期には「無限小」という概念が理論全体の鍵をにぎっていましたが，「x と a が限りなく近い」というのは「x と a の距離は無限小である」というのと同じことになります．そこで「無限小」とは何かという難問に遭遇するのですが，不等式に置き換えてしまえばこの問題は消失します．

このあたりの消息について，ポアンカレはこんなことを語っています．

　　吾々が直観に負うところの連続についての朧げな観念は，整数に関する錯雑した一組の不等式に分解されてしまった．微分積分学の基礎を反省するとき，前代の人々をして恐れしめたすべての困難はかくして遂にすべて影を潜めてしまったのである．

これも『科学と方法』からの引用です．「微積分」の原語は calcul infinitésimal で，そのまま訳出すると「無限小計算」となります．「x と a の距離が無限小」というのは「x と a の距離はどのような正の数よりも小さい」というのと同じことで，それなら x と a を隔てる距離は 0 であるほかはないのですが，しかも同時に，測定の対象はどこまでも相異なる二つの数 x と a の隔たりなのでした．これを矛盾と指摘するのも可，あいまいと評するのも可．それでもなお無限小なしには無限小計算（微積分）は成立しませんが，不等式

に置き換えると，すべての困難はたちまち影を潜めてしまったというのがポアンカレの所見です．

砲弾の軌跡

オイラーは『微分計算教程』（1755年）において，大砲から打ち出された砲弾の軌跡という事例に範を求めて関数概念を語っています．地上に大砲を据え付けて火薬の力で砲弾を打ち出すのですが，重力の作用を受けて放物線を描きながら飛翔することはよく知られています．時間 t が経過したときの砲弾の位置は，大砲の位置を始点として水平方向の距離 x と垂直方向の距離 y を測定することによって表されますが，その位置に影響を及ぼす要因を考えると，火薬の量 m と大砲の砲身の仰角 θ が挙げられます．細かく見ればほかにもいろいろな要因がありそうですが，それらはみな無視することにすると，ひとまず五つのパラメータ t, x, y, m, θ が浮上しました．

時間 t と砲弾の位置を示す二つのパラメータ x, y が変化量の名に相応しいことはごく自然にうなずかれますが，火薬の量 m と砲身の仰角 θ は定量でも変化量でもいずれでもありえます．あらかじめ固定しておけば定量ですし，さまざまに調節して砲弾の軌跡の変化を観察したいのであれば変化量のようになります．場合に応じて3個，または4個，または5個の変化量がこうして現れることになりますが，それらはめいめいかってに変化するのではなく，そこには一定の相互依存関係が認められます．そのうちのひとつ，たとえば砲弾の高さを示す変化量 y に着目すると，y は他の変化量 t, x，それに（火薬の量と仰角を変化量と見る場合には）m と θ の変化に依存して変化します．この状況を指して，y を他の変化量の関数と呼ぶことにしようというのが，1755年の時点でのオイラーの提案です．

『解析概論』の語法でいえば，y 以外の変化量は独立変数で，y はそれらに依存する従属変数です．

火薬の量 m と仰角 θ が連続的に変動するという状況を考えるのはむずかしそうですので，ひとまずこの二つは固定して定量と思うことにすると，y は t と x の関数であることになりますが，この関数は連続関数です．関数の連続性の定義がなくても連続関数のような感じがするのはなぜかといえば，曲線の連続性の定義が欠如しているにもかかわらず，砲弾の描く軌跡は連続

曲線のような感じがするからです．知的もしくは論理的に見ればいかにもあいまいな感覚ですが，これがつまりポアンカレのいう「直観に負うところの連続についての朧げな観念」というものにほかなりません．

「朧げな観念」はあいまいといえばあいまいですが，大砲の砲弾の軌跡を考えるにはそれで十分ですし，わざわざイプシロン＝デルタ論法などを持ち出す必要はありません．ところが「ディリクレの関数」（67頁参照）になるとどうでしょうか．連続のようでもあり，連続ではないようでもあり，「朧げな観念」は文字通りおぼろげになってしまいます．

オイラーが関数概念を数学に導入しようと思い立ったころは，「ディリクレの関数」のような関数は想定されていなかったであろうと思いますが，関数概念の守備範囲は次第に拡大されて，19世紀のはじめにフーリエが現れて「完全に任意の関数」ということを言い出しました．フーリエは「完全に任意の関数」をフーリエ級数の形に展開しようとして，その可能性を疑わなかったのですが，そのようなことは本当に可能なのでしょうか．このあたりに微積分（あるいは解析学というほうが相応しいかもしれません）の転機が具体的な形で現れています．

論理と実在

フーリエ級数については『解析概論』の第6章「フーリエ式展開」を読む際に詳述する機会があることと思いますが，どのような関数もみなフーリエ級数に展開されるというフーリエの大胆な言明を確かめるために，まずはじめに要請されるのは諸概念に対する一系の「定義」です．フーリエ級数の定義はもとより必要ですが，基本中の基本は「完全に任意の関数」と「無限級数の収束」の概念です．

後者の無限級数の収束については既述のとおりですが，ディリクレは前者の「完全に任意の関数」に応じ，**1価対応**，すなわち「数に対して唯一の数を対応させる基準」と応じました．「完全に任意の関数」を言葉をもってとらえようというのですから守備範囲は広ければ広いほどよいのですが，変化量も変数も語らずに単に「対応」ということだけを要請し，そこにただひとつ，フーリエ級数展開の対象であることを念頭に置いて「1価性」の条件を課して多価関数を排除しました．『解析概論』に書かれている関数の定義とは少々異なっているような印象がありますが，よく見ると同じことになって

いますし，そのあたりの消息は実際に『解析概論』で挙げられている関数の例を見てもよくわかります．「ディリクレの関数」はディリクレが提示した関数で，一般性を重んじて関数概念を規定するとこのようなものまで関数の範疇に入ってしまうとディリクレは言いたかったのです．

一番はじめに関数概念を提案したオイラーにしてみればもともと微積分の対象のつもりだったのですし，連続性はもとより微分も積分も自在に遂行できるのが当然でもあり自然でもありました．「朧げな観念」ではあっても別段それで不自由はなかったのですが，論理の力を借りて「論証する」，あるいは「証明する」ということを考えなければならない場面に直面して，「概念を定義する」ことが必要になりました．数列と無限級数の収束や関数の連続性を不等式を使って表示したのはそのためで，ひとたびそのように足場を定めれば，単にかんたんな式変形を繰り返していくだけで求める不等式に到達し，それで証明が完了したことになります．

数学の論証というのはそうしたもので，そうすることを余儀なくされてそうしているだけのことですから，たとえば関数の連続性をイプシロン＝デルタ論法によって定義するのは連続性の一面を表現するための論理上の工夫にすぎず，それによって連続性の本質が明るみに出されたということではありません．それどころかむしろ「論理は屢々怪物を生み出だす」とポアンカレは指摘しています．

> 論理は屢々怪物を生み出だす．この半世紀以来，一群の奇怪な函数が現れて，かゝる函数は何かものの役に立つ素直な函数とはできるかぎり似ても似つかぬ函数たらんと努めるかの如き観を示すのを人は見て来た．かゝる函数はもはや連続性をもたない，或はまた，多分に連続性をもっていてしかも導函数をもたない（註．関数の微分については後述します），などという如きものである．その上論理的見地から見れば，もっとも一般な函数とはこれらの変った函数であって，求めずして出会うような普通の函数は，もはや特別の場合に過ぎないかの如くに見える．かゝる函数には，ただ片隅の小さな場所が残っているのみである．

> かつては新しい函数がつくられるとすれば，それは何か実用上の目的を達するためであった．今日では，人はたゞ先人の推理の謬まり

を探し出すために殊更につくり出すのであって，これからは，このこと以外得るところは何ものもないのである．

　連続函数の概念を例にとろう．最初はこれは黒板の上に白墨を以て描いた線たる感覚的の像に過ぎなかった．少しずつこの像は純化され，人はこれを用いて最初の像のすべての特質を再現するところの錯雑した一群の不等式をつくり上げる．すべてが竣工され，あたかも円天井の建築の後の如く人は足場を除去してしまった．今や不用となった支柱たる彼の粗笨な表象は消え失せて，論理家の眼から見て欠点のない建築そのもののみが残る．しかも，もし教師が最初の像に立返ってしばらく足場を再建して見せないならば，生徒は如何なる気紛れによってか，るすべての不等式が，か、る風に相重ねて組まれたのかを，如何にして推量し得ようか．定義は論理的には正しい．しかし生徒に真の現実を示しはしないであろう．

「真の現実」の原語は la réalité veritable ですが，la réalité は「現実」より「実在」という訳語のほうが似合うと思います．「真の実在」といえば「存在しているものの真実の姿」というほどの意味合いになります．

ペアノ曲線

　ここまでに表明された関数の連続性は「ある点においての連続性」でしたが，このあたりにも厳密性への配慮が見られます．関数の定義域に所属する各々の点において連続性を定義して，その後に，「どの点でも連続な関数」を指して単に連続関数ということにします．連続関数ではない関数を不連続関数といいますが，不連続といっても必ずしもいたるところで不連続というわけではなく，どこか1点だけでも，「そこにおいて不連続になる」という点，すなわち不連続点が存在すればその関数は不連続関数です．

　不等式の力を借りてイプシロン＝デルタ論法の言葉で連続性を表現すれば，これではじめて厳密性が確保されたような感じは確かにありますが，連続性という言葉のかもし出す「つながっている」という感じはもうありません．そのために困惑させられることがあるのですが，連続性の本質は本当は素朴なイメージにこそ宿っているのであり，イプシロン＝デルタ論法による表現は何かの必要があって提案された論理上の工夫のひとつです．素朴なイメー

ジをあいまいと見て退けたのではなく，イプシロン＝デルタ論法による表現が現れてはじめて厳密になったというのでもありません．

　論理の厳密を追い求めるとかえって「真の実在」から遠ざかってしまうことがあり，ポアンカレも「論理はしばしば怪物を生み出だす」と言っています．『解析概論』の第 1 章，第 12 節の節題は「区域・境界」というのですが，そこに「曲線」の定義が書かれています．この節では連続曲線で囲まれた区域というものが登場するのですが，高木先生は「本書で取扱う区域は，たいていは境界が一つの連続曲線であるものに限る」とおおまかな見通しを語りました．平面上に円や長方形を描くと，それらはごくあたりまえに連続曲線のような感じがしますが，それらの内部が「区域」で，円や長方形はそれらが囲む区域の境界です．

　このような素朴なイメージを念頭に置いて「連続曲線で囲まれた区域」を考えようというのですが，「然らば曲線とは何をいうか」と高木先生は問い掛けました．「我々は解析学において便宜上幾何学的な用語を使うけれども，空間的の直観を論理の根拠とはしないつもりだから，このような問題が生ずる」というのです．幾何学的なイメージとは無縁の場所に，純粋論理の世界に身を置いて曲線の姿をとらえようとする構えが示されました．

　平面曲線を考えることにして，その定義を書きたいのですが，根拠となるのは関数の概念です．『解析概論』には次のように書かれています．

> 媒介変数 t は閉区間 $a \leqq t \leqq b$ において変動し，$x = \varphi(t), y = \psi(t)$ は t の連続函数なるとき，点 $P = (x, y)$ の軌跡が一つの曲線である．起点 $A = (\varphi(a), \psi(a))$ と終点 $B = (\varphi(b), \psi(b))$ とを連結する一つの曲線である．

　まずはじめに関数概念を提示し，それを基礎にして曲線の概念を定めようとするアイデアはオイラーを嚆矢とし，1748 年のオイラーの著作『無限解析序説』（全 2 巻）の第 2 巻において表明されました．曲線は関数の性質に応じてさまざまに分れます．高木先生は連続曲線のみを考えようとしているのですが，その際，曲線の連続性の観念は曲線を定義するのに用いられる関数の連続性です．

　曲線をこのように定義するのはひとつのアイデアですし，「我々が直観的に連続なる線と考えるものは皆この定義に適合する」と高木先生も言ってい

ます．ところがその高木先生は「逆は真でない」と即座に附言し，「この定義に適合するものをすべて線というならば，意外なものが線の名の下に包括されてしまう」と指摘して，またしても「自縄自縛！」という一語を書き留めました．概念を言葉でとらえようとすることのいわば代償で，「論理はしばしば怪物を生み出だす」というポアンカレの指摘のとおりです．

高木先生はポアンカレのいう「怪物」の一例として「ペアノの曲線」を挙げています．上記の曲線の定義において，t の相異なる値に同一の点 (x, y) が対応することがありえますが，そのような点を重複点と名づけることにします．無限に重複する点もありえますし，重複点が無数に存在することもありえます．そこでイタリアの数学者ジョゼッペ・ペアノは，1890 年のことですが，重複点が無数にあることも許されるとしたうえで，「一つの正方形の内部の各点をすべて洩れなく通過する曲線の実例」を構成しました．ペアノは開区間 $(0, 1)$ 上で二つの連続関数 $x(t), y(t)$ を作り，平面上の点 $(x(t), y(t))$ の全体 C が正方形 $0 \leq x \leq 1, 0 \leq y \leq 1$ を埋め尽くすという状況を具体的に示しました．定義に従えば C もまた曲線の仲間に数えるほかはありませんが，連続曲線のイメージからあまりにもかけ離れていて，とても曲線と呼ぶ気持ちになれません．高木先生も「このような曲線は迷惑である」と嘆息し，「上記の定義は曲線の定義として，あまりに広汎に過ぎるのである」と，迷惑の原因を定義そのものに求めています．

ペアノ曲線を作るのに用いられる二つの連続関数 $x(t), y(t)$ はポアンカレのいう「奇怪な函数」の事例です．

中間値の定理

関数の定義がむやみに一般的であるにもかかわらず，いきなり連続関数が登場するのはいくぶん異様ですし，なぜ連続関数なのだろうと不審がつのります．関数の定義や連続関数の定義の文言を見てもこの不信感はぬぐえませんが，歴史的な経緯を顧みるとたちまち解消します．オイラーが関数概念を提示したのは 1748 年の著作『無限解析序説』においてのことでした．それ以前にもすでに微積分は存在しましたが，主役は関数ではなく曲線で，しかも登場する曲線といえば連続曲線ばかりで，「つながっていない曲線」などというものをわざわざ取り上げる理由もありませんでした．ペアノ曲線などは論外で，そもそも考えようがありません．

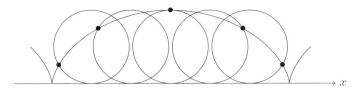

図 2.2 サイクロイド

　サイクロイドなどは典型的な一例と思います．平面上に無限直線を引き，その直線上の一点において接する円を描きます．円が直線上をすべらないように回転しながら一方の方向に進んでいくとき，それに伴って当初の接点も移動しますが，その軌跡がサイクロイドです（図 2.2）．『解析概論』の 89 頁に紹介されていますが，その記述に従って，円の半径を a, 回転の角を t, 直線を x 軸として，$t = 0$ のときの円と直線との接点 P を x 軸の原点とすると，サイクロイド上の点 (x, y) は t を媒介変数として，

$$x = a(t - \sin t), \quad y = a(1 - \cos t)$$

と表されます．こうするとサイクロイドは『解析概論』に出ている曲線の定義にあてはまり，もちろん連続曲線です．

　「連続的な運動」ということの定義がなくても，円の回転移動も接点の移動も連続的に進展するような感じがしますし，点が連続的に移動して描かれる軌跡にもまた「つながっている」という感じがおのずと伴います．人の感情に天然自然に備わっている直観の働きがそのように感じさせるのですが，たとえ言葉は欠如していても，連続性という言葉が相応しい何ものかが正しく感知されているのはまちがいなく，しかもそれこそが黎明期の微積分の対象でした．時代が移り，19 世紀に入って極端に一般的な関数概念が受け入れられるようになっても，関数や曲線の連続性に寄せる実在感は依然として生き続けました．蕉門の俳諧の世界では「不易（変らないもの）と流行（変るもの）」ということを言いますが，今日の微積分が連続関数の考察から説き起こされるのも，そのあたりに真の理由があるのではないかと思います．

　『解析概論』の第 1 章，第 11 節は「連続函数の性質」と題されていますが，真っ先に取り上げられるのは「中間値の定理」（定理 12）です．

　　或る区間において連続なる函数 $f(x)$ が，この区間に属する点 a, b

において相異なる値 $f(a) = \alpha$, $f(b) = \beta$ を有するとき，α, β の中間にある任意の値を μ とすれば，$f(x)$ は a, b の中間の或る点 c において，この μ なる値を取る．すなわち，

$$a < c < b, \quad f(c) = \mu$$

なる c が存在する．

この命題は一見してあたりまえのことのように見えますし，ポアンカレもまた「連続函数は零となることなくして符号を變じ得ないことをその儘容認していた」と言っているのですが，すぐに続けて「今日ではそれを証明するのである」と言い添えました．当然と思っている間は証明する動機がありませんが，証明しなければならないと思い始めると，実行にいたるまでに実にさまざまな準備を重ねなければなりません．あたりまえと思うのは感情の声で，証明したいと思うのもまた感情の声なのですが，実行を担当するのは知的もしくは論理的な力です．隙間なく言葉で説明していくわけですから，連続関数の定義を書いて足場を固め，その定義の文言のみを手掛かりにして論証を重ねていくことになります．

中間値の定理の証明

『解析概論』の証明に沿って，中間値の定理の証明を概観してみたいと思います．

α と β はどちらが大きいかわかりませんが，等しいとすると証明することがなくなってしまいますから，$\alpha < \mu < \beta$ とします．$\alpha > \mu > \beta$ の場合も以下の証明は同様に進行します．$F(x) = f(x) - \mu$ と置くと，$F(a) = \alpha - \mu < 0$, $F(b) = \beta - \mu > 0$．ここまでは何事もありませんが，「$F(a) < 0$ であるから a の近傍では $F(x) < 0$」と記述が続きます．$f(x)$ は連続ですから $F(x)$ もまた連続．それゆえ，x が a の近くに位置するときは $F(x)$ は $F(a)$ の近くに位置しますのでそのように言えるのですが，ここのところをもう少し具体的に書くと，「閉区間 $[a, \xi]$ においてつねに $F(x) < 0$ となる ξ が存在する」ことになります．そうして $F(b) > 0$ ですから必然的に $\xi < b$ であるほかはありません．そこでこのような ξ の全体 S を考えると，S は上方に有界であることになりますから，「ヴァイエルシュトラスの定理」（『解析概論』，定理 2）

により S の上限が存在します．それを c として，以下，$F(c)=0$ となること
を確認する作業が続いて証明が完結します．

　中間値の定理における数 c の存在は直観的には明白のように感じられます
が，それはどのような数なのか，関数の連続性とヴァイエルシュトラスの定
理に基づいて具体的に指摘されました．朧(おぼろ)げに感知されていたものを覆って
いた霧がさっと晴れたような感じは確かにあり，厳密化ということの効果が
よく現れています．ただし，ヴァイエルシュトラスの定理は証明されたとい
うわけではなく，あくまでも実数の連続性のひとつの表現として承認された
公理であることは忘られません．ポアンカレの言葉を借りれば，「障害は消
滅したのではなく，国境に移されたにすぎない」のでした．

連続関数の最大値と最小値

　高木先生が挙げている連続関数の第 2 の性質は最大値と最小値に関する
もので，「定理 13」として語られています．そのまま再現すると次のとおり
です．

　　有界なる閉区域 K において連続なる函数 $f(P)$ は有界で，かつその
　　区域において最大および最小の値に到達する．

『解析概論』にはこの定理に対する特別の呼称は見られませんが，藤原先
生の『数学解析』では**ワイエルシュトラスの定理**（Weierstrass を藤原先生は
ワイエルシュトラスと表記しています）と呼ばれています．微積分にはヴァ
イエルシュトラスの名を冠する定理が非常に多く，解析学の基礎の建設の場
でのヴァイエルシュトラスの寄与の大きさを象徴しています．

　『解析概論』では多変数関数の微積分も考えますので，関数の変数の変域
をいつまでも実数直線上に限定するわけにはいかないのです．そのため平面
（2 次元の世界）や空間（3 次元の世界）において点集合を考えることになり，
それを総称して区域という名で呼んでいます．平面にも空間にも直交座標系
を定めておけば，平面の点には二つの実数の組 (x,y) が対応しますから平面
上の区域で考えられた関数は 2 変数関数です．同様に，空間の点には 3 個の
実数の組 (x,y,z) が対応しますから，空間内の区域における関数は 3 変数関
数にほかなりません．

　一般に n 個の実数の組 $(x_1, x_2, \ldots, x_n)$ の全体を考えると n 次元の空間が

肖像 2.8 ヴァイエルシュトラス

心に浮かび，その空間内で区域を考えると n 変数の関数が考えられますが，次元の高低に関わらず同様に議論されることはたくさんあり，しかも座標系とは無関係な性質もあります．上記の「定理 13」はなどはその典型的な一例です．関数の定義域の「有界なる閉区域」という特殊な性質と，そこで考えられる関数の連続性から帰結する命題ですので，成立の可否に座標系は関係ありません．

定理 13 を実数直線上に限定して述べると，

> 有界なる閉区間における連続関数 $f(x)$ は有界で，しかもその閉区間において最大値と最小値に到達する．

というようになります．

『解析概論』の定理 13 の証明をなぞって，実数直線上の閉区間に対してこの命題の証明を書いてみたいと思います．まず上方に有界であることですが，もし $f(x)$ が上方に有界ではないとすると，上限が存在しないわけですから $f(x_0) > 0$ となる点 x_0 が必ず存在します．同様に，$f(x_1) > 2f(x_0)$ となる点 x_1，$f(x_2) > 2f(x_1)$ となる点 x_2 が存在し，以下，どこまでも続きますから，こうして無限点列 $\{x_n\}$ が出現します．

さて，ここからが有界閉区間という定義域の性質の出番になるのですが，無限点列 $\{x_n\}$ から収束する部分列 $\{x_{\alpha_n}\}$ を取り出すことができます．その

証明は『解析概論』の 16 頁に書かれていますが，その証明は無限点列 $\{x_n\}$ は「集積点」をもつという事実に基づいています．集積点とは何かというと，「その点にどれほど近いところにも点列 $\{x_n\}$ に属する点が無数に存在する」という性質をもつ点のことです．『解析概論』の「定理 9」ではもう少し一般的な状況のもとで，

　　　有界なる無数の点の集合に関して，集積点が必ず存在する．

と主張されていて，これを**ヴァイエルシュトラスの定理**と呼んでいます．

　藤原先生の『数学解析』では**ワイエルシュトラス-ボルツァーノの定理**と呼んでいますが，さらに脚註を附して，「ワイエルシュトラスは彼の講義中でこれを述べたがボルツァーノはすでに 1817 年にこれを公にしている」と説明を加えました．

　この定理の証明を有界閉区間 $[a,b]$ において再現してみます．まずこの区間を二分すると，少なくともどちらか一方は無限点列 $\{x_n\}$ に属する点を無数に含みます．その小区間を I_1 とします．次に，区間 I_1 を二分すると，どちらか一方はやはり無限点列 $\{x_n\}$ の点を無数に含みます．その小区間を I_2 とします．このように続けていくとどこまでも縮小していく小区間の系列 $I_1, I_2, I_3, \ldots$ ができます．そこで区間 I_n の左端を a_n で表すと，

$$a_1 \leqq a_2 \leqq a_3 \leqq \cdots \leqq a_n \leqq \cdots$$

というように並んでいます．したがって数列 $\{a_n\}$ は単調に増大し，しかも上方に有界ですから，実数の連続性により収束します．その極限を α とすると，α は無限点列 $\{x_n\}$ の集積点です．

　実際，α を含むどれほど小さい開区間を取っても，十分に大きなある番号以上の a_n はすべてその区間に含まれます．ところが区間 I_n は無限点列 $\{x_n\}$ の点を無数に含むのですから，どれほど α に近いところにも $\{x_n\}$ の点が無数に存在することになります．これで無限点列 $\{x_n\}$ は集積点 α をもつことがわかりました．しかも数列 $\{a_n\}$ は閉区間 $[a,b]$ に属するのですから，その極限 α もまたこの区間に属します．

　閉区間を次々と二分していって無限個の点の所在地をどこまでもせばめていく過程がおもしろく，藤原先生はこれを**ワイエルシュトラスの逐次分割論法**と呼んでいます（『数学解析』，35 頁）．

そこで今度は点列 $\{x_n\}$ に所属して α とは異なる点を任意にひとつ取り，それを x_0 とします．α からの距離が α と x_0 の $\frac{1}{2}$ 以内であるような点列 $\{x_n\}$ の点をひとつ取り，それを x_{α_1} とします．次に，α からの距離が α と x_{α_1} の $\frac{1}{2}$ 以内であるような点列 $\{x_n\}$ の点をひとつとり，それを x_{α_2} とします．以下も同様に続けて点列 $\{x_{\alpha_n}\}$ を作ると，これは点列 $\{x_n\}$ の部分列であり，しかも α に収束します．

こんな細かな論証を続けてようやく収束する部分列 $\{x_{\alpha_n}\}$ が取り出されました．ここにいたってようやく関数 $f(x)$ の連続性の出番になるのですが，連続性により

$$f(x_{\alpha_n}) \to f(\alpha)$$

となります．ところが $f(x_{\alpha_n}) > 2^{\alpha_n} f(x_0)$ となり，α_n は限りなく大きくなるのですから $\{f(x_{\alpha_n})\}$ は収束しえないことになってしまいます．これは不合理です．これでようやく関数 $f(x)$ は上界をもつことがわかりました．下界をもつことも同様にしてわかります．

「ヴァイエルシュトラスの定理」（『解析概論』，定理 2）により関数 $f(x)$ は上限と下限をもつことがわかりますので，それらをそれぞれ M, N とします．最後の問題は $f(\alpha) = M, f(\beta) = N$ となる点 α, β が実際に存在することを証明することで，それができたときやっと M は $f(x)$ の最大値，N は最小値であることになります．

$f(\alpha) = M$ となる α が存在しないなら，関数 $F(x) = \dfrac{1}{M - f(x)}$ は $[a, b]$ において連続ですが，M は $f(x)$ の上限ですから $M - f(x)$ はどれほどでも小さくなります．それゆえ，$F(x)$ は有界ではありません．ところが $[a, b]$ 上の連続関数は有界であることは先ほど証明されたのですから，これは不合理です．これで $f(\alpha) = M$ となる α の存在が示されました．β についても同様です．

微積分の厳密化とは

有界閉区間を定義域にもつ連続関数が最大値と最小値をもつことはあまりにもあたりまえのことのように思われますが，いよいよ証明を書こうとすると実に大掛かりな準備が必要になります．証明を再考してみると，関数の連続性についてはイプシロン＝デルタ論法による言い回しは必要ではなく，日

常語による素朴な表現で十分にまにあいました．ところが，有界閉区間の性質については相当に精密な分析が要請されました．「どのような無限数列も収束部分列をもつ」ことを示さなければならず，それを支えているのは「無限集合は必ず集積点をもつ」という事実であり，しかも集積点の存在を保証するのは実数の連続性でした．実数の連続性により保証されるというところは中間値の定理の場合と同じです．

　実数の連続性を承認して公理のようにみなし，かんたんな論証を重ねていけば，従来はあたりまえのように見られていた諸事実の証明を書くことができました．1858年の秋，デデキントは微積分の基礎に厳密さが欠如していると嘆息して思索にふける日々をすごしましたが，厳密性を手中にしたいというデデキントの願いは着実にかなえられたと言えそうです．直観的にあたりまえと思われていた諸事実の根拠が明るみに出されたのですから，さながら一陣の風が曖昧の雲を吹き払ってくれたかのようなすがすがしさは確かにあります．このような状況を指して，一般に微積分の厳密化と呼んでいるのではないかと思いますが，新しい事実が発見されたわけではないことにもくれぐれも留意しておきたいところです．

第3章 昔の微積分と今の微積分

1　0を0で割る

微分商と微分係数

　高木先生の『解析概論』の第2章「微分法」のテーマは「関数の微分」です．微積分のもっとも基本的な概念は関数であり，何を微分するのかと問われれば「関数を微分する」と応じ，何を積分するのかと問われたなら「関数を積分する」と応じるのですが，ではなぜ関数なのかと重ねて問われるとたちまち言葉に詰まります．この素朴な疑問は実はたいへんな難問なのですが，ひとまず『解析概論』の記述に沿って「関数の微分」の定義を観察したいと思います．

　何かある区間において変数 x の関数 $y = f(x)$ を考えることにして，独立変数 x の二つの値 x, x_1 に対応する関数の値を y, y_1 として，差

$$x_1 - x = \Delta x, \quad y_1 - y = \Delta y$$

の比

$$\frac{\Delta y}{\Delta x} = \frac{y_1 - y}{x_1 - x}$$

を作ります．高木先生はこれを「x と x_1 との間の区間における函数 y の平均の変動率」であると説明し，続いて x を固定して Δx を限りなく小さくするときの極限値

$$\lim_{\Delta x \to 0} \frac{\Delta y}{\Delta x}$$

の存在の有無を語りました．Δx が限りなく小さくなるというのは x_1 が限りなく x に近づいていくということと同じですが，もしそのような極限値が存

在するなら，それは「函数 $y = f(x)$ の点 x における変動率ともいうべきものであろう」と高木先生は言い添えました．この極限値が存在する場合，その値を

$$\frac{dy}{dx}$$

という，分数のように見える不思議な記号で表すのですが，定義の文言をそのまま読むとこの記号が表しているのはあくまでも極限値として認識される特定の数値なのであり，決して分数ではありません．

Δx の代りに h と書くと，

$$\frac{dy}{dx} = \lim_{h \to 0} \frac{f(x+h) - f(x)}{h}$$

という形になります．この極限値が存在するとき，関数 $y = f(x)$ は「x において微分可能である」と言います．これが関数の微分可能性の定義です．

連続性の場合のように，微分可能性の概念は「一点において」規定されたところに留意したいと思います．関数がその定義域の各点において微分可能なら，そのとき単に「関数は微分可能である」と言うことになります．その場合，$f(x)$ の定義域の各点において極限値 $\frac{dy}{dx}$ が存在するのですから，各点に対して極限値 $\frac{dy}{dx}$ を対応させることにより $f(x)$ と同じ定義域における関数が定まります．それを $f(x)$ の導関数と呼び，$f'(x)$ という記号で表します．このような手順を経て，

$$\frac{dy}{dx} = f'(x)$$

という等式を作ることができました．これを y' と表記する流儀もあります．

ある点における変動率というものそれ自体を単刀直入に考えようとすると，Δx も Δy も 0 になってしまい，0 を 0 で割るような作業を強いられますので困惑するほかはありませんが，割り算が可能な数値を算出して極限値の存在を問題にするという構えをとれば，眼前の困難はひとまず避けられそうに思います．厳密化を求める心はこのあたりにも働いています．

微分可能性を規定する際に考える極限操作では h は限りなく小さくなる変数ですが，このような極限を日常語を用いずに語るにはイプシロン=デルタ論法が使われます．第 1 章，第 9 節「連続的変数に関する極限」に正確に書

かれているのですが，それに基づいて微分可能性の定義を書き直すと，次のようになります．

> 関数 $y = f(x)$ が x において微分可能であるとは，ある数値 α が存在して，正数 ε を任意に取るとき，それに対応して正数 δ を定めて，
>
> $$|h| < \delta \text{ であるとき } \left| \frac{f(x+h) - f(x)}{h} - \alpha \right| < \varepsilon$$
>
> となるようにすることができる．

このように定めたうえで，極限値 α を $\frac{dy}{dx}$ や $f'(x)$ のような記号で表すという順序になります．

『解析概論』では呼称についても詳しく説明されています．導関数というのは「微分法によって $f(x)$ から導き出される函数」ということの略称ですが，関数というくらいですから定義域をもっています．これに対し，一点 x における $\frac{dy}{dx}$ すなわち極限値 $\lim_{\Delta x \to 0} \frac{\Delta y}{\Delta x}$ はそれ自体で何らかの意味合いをもっているのではないかと思われるところですが，ニュートンのいわゆる「流動率」がこの極限値であるということです．ドイツ系統ではこの極限値 $\frac{dy}{dx}$ を「微分商」と呼んでいますが，それはライプニッツの伝統とのことです．これを改称して，英米系統では「微分係数」と呼んでいるとも記されています．フランス系ではどうかというと，微分商も導関数もどちらも derivée です．

微分商，微分係数と，同一のものに対して別の名前が提示されたのはなぜなのでしょうか．名は体を表すということであれば，この二通りの名前の背景には異なる光景が広がっているのではないかという想像に駆られます．微分商も微分係数も導関数も区別せずにどれもみな derivée と呼ぶというフランス方式もいかにも不思議で，謎めいています．定義は明快でまぎれる余地はありませんし，名前にこだわることもないのではないかとも考えられるところですが，ひとたび気になり始めればどこまでも気に掛かります．

「0 を 0 で割る」から「限りなく近づく」へ

微積分の黎明期というとライプニッツやベルヌーイ兄弟の名が即座に念頭に浮かびますが，理論形成の鍵を握っていたのは「無限小」という概念でした．「どのような量よりも小さな量」という不思議な量をあたかも存在する

かのように取り扱って基礎理論を組み立てるのですが，微分商 $\dfrac{dy}{dx}$ でいえば，$x_1 - x = \Delta x$ において x_1 が x に合致したときの Δx が dx に該当することになりそうです．すると dx は大きさが 0 に等しい量であることになり，どのような量よりも小さいことはまちがいありません．

　x_1 が x に合致する場合には，x_1 に対応する量 y_1 は y と重なりますから，$y_1 - y = \Delta y$ の大きさも 0 です．これを dy と表記すると，dx も dy も実際には 0 そのものであり，$\dfrac{dy}{dx}$ は 0 を 0 で割るときの商，もしくは 0 と 0 の比を表していることになります．このように見ると $\dfrac{dy}{dx}$ という記号は正真正銘の商であり，dx, dy を微分という名で呼ぶことにすると「微分商」という呼称がぴったりあてはまります．

　dx と dy の大きさは無限小であり，「0 であって，しかも 0 ではない」という不思議な属性を備えています．知的もしくは論理的に考えようとするといかにも奇妙なのですが，ライプニッツもベルヌーイ兄弟も無限小の量というものに寄せて強固な実在感を感受していたようで，無限小量を対象とする微分計算と積分計算という計算術を正しく発見したのでした．『解析概論』に見られる定義では $\dfrac{dy}{dx}$ という記号は一個の数値を表すにすぎないのですから，決して分数ではないはずなのですが，いかにも分数であるかのような形をしていたり，ライプニッツの伝統に従って「微分商」と呼ばれたりするのは偶然ではなく，微積分形成の歴史的な経緯に根ざしています．

　「0 と 0 の比」を考えるのは合理性もしくは論理性に欠けるという批判は微積分の黎明期からまとわりついていたようですが，何事かが発見されたのはまちがいのないところです．ヨハン・ベルヌーイを師匠にもつオイラーなどは「無限小は 0 そのものである」と平然と言い放ち，0 を 0 で割るのは無意味ではないかという批判に対しては，「0 と 0 の比は有限の値をもつことがある」と返し，「われわれが関心を寄せるのはその有限値なのだ」と明快に語ったほどでした．

　オイラーの認識を前面に押し出せば，「0 を 0 で割る」ということを考えるのを避けることができそうです．「0 と 0 の比がもちうる有限値」それ自体をいきなり把握するという迂回路の探索を試みるのですが，19 世紀のはじめ，コーシーはこれを実行し，極限の概念を提案して $\dfrac{dy}{dx}$ の定義を書きました．

『解析概論』に見られる定義と同じもので，これで「0を0で割る」ことをめぐる悩みはなくなりました．その代り「限りなく近づく」という考え方を受け入れなければなりませんが，「0を0で割る」ことよりも感情の抵抗は弱そうですし，それに，一組の不等式を書きさえすればよいのですから悩みが発生する余地はありません．ポアンカレの指摘のとおりです．

関数のグラフとその接線

歴史的な経緯はともあれ，『解析概論』ではコーシーの流儀に従って微分商 $\frac{dy}{dx}$ や微分係数 $f'(x)$ の定義が書き下されたのですから，それ以上の説明は本当はもう不要なのですが，高木先生はもう少し何事かを語りたかったようで，さらに言葉が続きます．

平面上に関数 $y = f(x)$ のグラフを描くと曲線 Γ が描かれて，$\frac{\Delta y}{\Delta x}$ はそのグラフ上の点 (x, y) と $(x + \Delta x, y + \Delta y)$ とを結ぶ弦の勾配で，$\frac{dy}{dx}$ は点 (x, y) における曲線 Γ の接線の勾配です（図3.1）．ここまではよいとして，よくわからなくなるのはここから先の言葉です．Δx と Δy はグラフの上での点の座標の変動ですが，

> もしもグラフの代りに接線を取って，接線上における点 (X, Y) の座標の変動を dx, dy で表わして，$dx = X - x$ （それは Δx と同一），また $dy = Y - y$ （それは Δy とは違う）とするならば，
>
> $$dy = f'(x)\, dx$$
>
> は点 (x, y) における接線の方程式にほかならない．

と説明が続きます．dx と dy という記号をこのように定めれば接線の方程式が現れるのはまちがいありませんが，「しかし」と高木先生は言葉をあらためて，上記の接線の方程式を点 (x, y) の近傍においてのみ用いるつもりであることを強調し，それゆえに「dx を変数 x の微分（differential），dy をそれに対応する函数 y の微分という」のであると続けました．

変数 x の微分 dx と x の関数 y の微分 dy の概念がこうして導入されました．これにより dx と dy には固有の意味が付与されましたが，正体はまだわかりません．点 (x, y) の近傍において考えるというのですから dx, dy はそれ

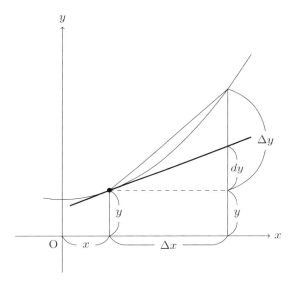

図 3.1 関数のグラフの接線

ほど大きくならないようでもありますが，(X, Y) は接線上の任意の点ですから，dx と dy もそれぞれ有限の値を取りうる変化量であることになります．点 (x, y) は固定されているのですから，曲線 Γ の各点に一組の微分 dx, dy が配置されている光景が目に映じます．

　微分商もしくは微分係数 $\dfrac{dy}{dx}$ は一個の極限値を表す記号であり，分数のような恰好でありながら分数ではないことになっているのですが，それにもかかわらずなお一歩を進めて dx と dy に独自の意味をもたせようとしたのはなぜなのでしょうか．その結果，$\dfrac{dy}{dx}$ は正真正銘の「商」になってしまいました．微分法を学ぼうとすると，このあたりの消息がどうもわかりにくくて困惑させられがちなのですが，高木先生もこれだけでは不十分と思ったようで，こんなことを言っています．

　　上文で接線というような耳慣れた言葉を用いて，$\dfrac{dy}{dx}$ は接線の勾配などといったけれども，実際は，それは接線を定義したのにすぎない．すなわち $\dfrac{dy}{dx}$ が存在するときに，点 (x, y) において $\dfrac{dy}{dx}$ を勾配とする直線を $y = f(x)$ の接線（註．正確には関数 $y = f(x)$ のグラ

フの接線）というのである．

極限値 $\dfrac{dy}{dx}$ の正体を説明しようとして接線の傾きを持ち出したのは，デデキントのいう幾何学的明証に逃げ道を求めたということになりそうです．あらためて考えてみれば，そもそも曲線の接線とは何かと問う前に接線を語るのは論理的に見るとやはり変ですし，高木先生の言うとおりです．

微分商の合理化に向う

微積分の形成過程を顧みると，微分商 $\dfrac{dy}{dx}$ の正体を理解しようとして接線の話題を持ち出すのは決して不自然ではなく，それどころか「曲線に接線を引きたい」と思う心こそ，微分法の真の泉なのでした．ライプニッツとベルヌーイ兄弟のころの黎明期の微分法の実体は接線法だったのですが，オイラー，ラグランジュ，コーシーと時代は移り，微分法は接線法から離れる方向に歩みを進め，いつしか主客が転倒して接線法は微分法を直観的に語るための方便として持ち出されるようになりました．

幾何学的明証に頼ってわかったような気持ちになろうとするのを避けて実数の創造を試みたデデキントのように，高木先生は「今一度 $\dfrac{\Delta y}{\Delta x}$ から出直してみよう」と再出発を宣言しました．接線の話とは無関係に，純粋に論証のみをたどることにより「微分商」というものを理解しようというのですが，このように叙述の動機がしばしば率直に語られるのは『解析概論』の際立った特徴で，高木先生と語り合いながら微分の本質をともに考察しているかのような気持ちになります．『解析概論』の大きな魅力です．

極限値 $\lim\limits_{\Delta x \to 0} \dfrac{\Delta y}{\Delta x} = f'(x)$ が存在するなら，$\dfrac{\Delta y}{\Delta x} = f'(x) + \varepsilon$ と置くとき，ε は x と Δx に関係しますが，x を固定すれば，$\Delta x \to 0$ のとき $\varepsilon \to 0$ であることになります．書き直すと，

$$\Delta y = f'(x)\Delta x + \varepsilon \Delta x$$

という等式が得られます．この等式を考察の基礎にするのですが，逆向きにたどることにして，Δx が 0 ではないとき，

$$\Delta y = A \cdot \Delta x + \varepsilon \Delta x$$

という等式が成立するとしてみます．ここで，A は x のみに関係して Δx に

は無関係な係数です．ε は x にも Δx にも関係しますが，$\Delta x \to 0$ のとき $\varepsilon \to 0$ となるものとします．すると，

$$\frac{\Delta y}{\Delta x} = A + \varepsilon$$

ですから，$\lim_{\Delta x \to 0} \frac{\Delta y}{\Delta x} = A$ となりますが，これは $A = f'(x)$ を意味しています．『解析概論』にはこのように書かれています．

この議論は何のためなのか，どうもわかりにくいのですが，確認されたのは，微分係数 $f'(x)$ が存在するというのは等式 $\Delta y = A \cdot \Delta x + \varepsilon \Delta x$ が成立することと同じであるということです．極限 $\lim_{\Delta x \to 0} \frac{\Delta y}{\Delta x} = f'(x)$ が存在するとき，等式 $\Delta y = f'(x) \Delta x + \varepsilon \Delta x$ が成立することになりました．ただの式変形にすぎないのですが，なんのために書き直したのでしょうか．

高木先生の言葉を続けると，等式 $\Delta y = f'(x)\Delta x + \varepsilon \Delta x$ の右辺の第 1 項 $f'(x)\Delta x$ は Δx に関する 1 次式です．x の値は固定されていますが，Δx のほうは変数です．第 2 項 $\varepsilon \Delta x$ の係数 ε は $\Delta x \to 0$ のとき限りなく小さくなるのですから，積 $\varepsilon \Delta x$ は「Δx よりも高度に微小」になります．そこで第 1 項 $f'(x)\Delta x$ は Δy の「主要部」であると高木先生は宣言し，これを点 x における関数 $y = f(x)$ の微分と名づけ，dy という記号で表しました．これで等式

$$dy = f'(x)\Delta x$$

が書き下されることになりました．このあたりの記述はグルサの『解析教程』に沿っています．

変化量 Δx の正体を明らかにするために関数 y として特に $y = f(x) = x$ を取ると，商 $\frac{f(x+h) - f(x)}{h} = \frac{h}{h} = 1$ の $h \to 0$ のときの極限値は 1 ですから $f'(x) = 1$ となります．それゆえ，先ほどの等式により等式

$$dx = \Delta x$$

が得られて，Δx は x の関数である x の微分であることがわかりました．これを $dy = f'(x)\Delta x$ に代入すると，等式

$$dy = f'(x)\,dx$$

が手に入りますが，そこで dy を dx で割ると，等式

$$\frac{dy}{dx} = f'(x)$$

が出現します．今度は dx と dy には固有の意味が附されていますから割り算が可能になるのですが，このように考えると「微分商」という言葉がぴったりあてはまります．

　高木先生は採用していない言葉ですが，グルサの『解析教程』では「限りなく小さくなる変化量」のことを「無限小量」もしくは簡略に「無限小」と呼んでいます．この定義を採用すれば dx と dy は無限小量ですし，二つの無限小量の比が $f'(x)$ という有限値になることを，等式 $\frac{dy}{dx} = f'(x)$ は示しています．そこで高木先生は，「このように，現代的の精密論法によって，ライプニッツの漠然たる'微分商'が合理化」されたというのです．それに，等式 $dy = f'(x)\,dx$ を見ると，$f'(x)$ は微分 dy における dx の係数ですから，これを「微分係数」というのも「もっともではある」と高木先生も言っています．

「微分」の導入の真意とは

　このような手順を踏んで「微分」が導入されました．議論の流れはなんでもないことのように進みましたし，わからないということはないのですが，全体に狐につままれたような雰囲気は確かにあります．高木先生も何かしら弁明のようなことを言いたかったと見えて，小さい字で，「x が独立変数であるときには，上記の $dx = \Delta x$ ということは，あまりに細工が過ぎるようであるが，……」と註記しています．『解析概論』を読み進めてこのあたりにさしかかると，知的もしくは論理的には整然とした説明でありながら，「よくわからない」という感情に襲われるのは否めません．知は納得しても情が受け入れないのですが，根本には，分数ではないにもかかわらず分数のような恰好の記号 $\frac{dy}{dx}$ を書いた後に，わざわざ dx と dy を切り離そうとするのはなぜだろうかという疑問が横たわっています．

　高木先生が追随したグルサの説明には実はコーシーという先行者がいるのですが，コーシーにしてもグルサにしても極限の概念を基礎にして極限値 $\frac{\Delta y}{\Delta x}$ を定義するだけでは足らず，どうしても「微分」という概念を導入したかったのでした．その心情の根源は歴史に根ざしています．ライプニッツ，

ベルヌーイ兄弟，オイラーなどが自在に駆使した微分の概念を捨て去るのではなく，何かしら合理的な説明を工夫して，極限概念に基づいて構築された新たな微積分の枠組みに組み入れたかったのであろうと思います．

歴史に寄せる感傷とは別に，「微分」の導入を工夫したもうひとつの理由として，実際の計算の場での便宜をはかるという面も無視できないと思います．$\dfrac{dy}{dx}$ という記号について，どこまでも定義に固執して分数ではないと言い張るよりも，dx と dy に固有の意味を付与して分数と見てもよいということにするほうが，微分の計算は格段に楽になります．コーシー以前とコーシー以後の微積分はこの点において対照が際立っています．コーシー以前の微積分は今日の目には厳密性を欠くように見えるかもしれませんが，計算は自在に行われていて，しかもまちがうことがありませんでした．論理と論証の厳密性を重く見て理論を組み立てると，知的な満足感は得られても，計算が不自由になるという大きな代償を払わなければならなくなってしまいます．そこで多少の人工的な細工をして計算の自由を取り戻そうとするのですが，現に『解析概論』でも実際の計算の場面では dx や dy は自由に切り離されて登場します．

曲線の長さとピタゴラスの定理

dx や dy のような「微分」の概念が精密な仕方で導入されましたので，『解析概論』の記述もここから先では $\dfrac{dy}{dx}$ は分数になりました．dx と dy を切り離して自由に計算してさしつかえないというお墨付きが出されたのですが，定義の仕方を見る限り微分の実体はあくまでも変化量であり，しかも「限りなく小さな値を取る」という属性を備えています．それと，あまり大きな値は取らないというイメージも兼ね備えています．

これはこれでよいのですが，『解析概論』のあちこちを眺めると別の印象を受けることもあります．

サイクロイドの媒介変数表示式（『解析概論』，89 頁）

$$x = a(t - \sin t), \quad y = a(1 - \cos t)$$

から出発して，サイクロイドの線素，すなわち無限小の弧の長さを求めてみます．t が媒介変数で，(x, y) 平面上に描かれたサイクロイド上の点 (x, y) の

位置が t の関数の形で示されていますが，微分計算を遂行すると，

$$dx = a(1-\cos t)\,dt, \quad dy = a\sin t\,dt$$

という微分方程式，すなわち微分と微分を連繋する関係式が得られますが，ここまではよいとして，さてその次に，『解析概論』には

$$ds = \sqrt{dx^2 + dy^2} = \sqrt{2a^2(1-\cos t)\,dt} = 2a\left|\sin\frac{t}{2}\right|dt$$

という等式がさりげなく書かれています．s はサイクロイド上のひとつの定点から測定した弧長です．

　一般に曲線の弧長について語るには積分の理論が必要になりますが，弧長 s もまた t の関数になるのはまちがいのないところです．上記の等式 $ds = 2a\left|\sin\frac{t}{2}\right|dt$ は微分 ds と dt の関係を示していますが，その前提になる等式

$$ds = \sqrt{dx^2 + dy^2}$$

を一瞥すると，直角三角形のピタゴラスの定理が即座に念頭に浮かびます．平方を作ると

$$ds^2 = dx^2 + dy^2$$

という形になります．直角をはさむ二辺の長さが dx と dy で，斜辺の長さが ds の直角三角形を描くと，この等式はピタゴラスの定理そのものです．dx，dy，それに ds という三つの無限小量，すなわち限りなく小さくなるという性質を備えた変化量がピタゴラスの定理により相互に連繋しているということになり，高木先生はそれをあたりまえのことのように平然と書き下しているのですが，どうしてそのようなことができるのでしょうか．

　『解析概論』の第3章「積分法」の第40節「曲線の長さ」に曲線の長さの定義が書かれています．円やサイクロイドに長さがないと思う人はいないと思いますが，論理性を重んじようとする今日の数学の立場からすると，曲線の定義から出発することになります．平面曲線の定義を回想すると，実数直線上の有界閉区間上の二つの関数

$$x = \varphi(t), \quad y = \psi(t)$$

を考えることになります．t が区間 $[a,b]$ において変動するとき，平面上の点 $(x,y) = (\varphi(t), \psi(t))$ の描く軌跡が曲線で，これを Γ で表します．Γ の長さとは何かという問いに答えたいのですが，基本方針は Γ を折れ線で近似することです．有限個の線分をつなぐと折れ線が描かれますし，線分の長さは既知とすれば，折れ線の長さは容易に算出されます．というよりも，「折れ線には長さがある」という，一見して明白に見えることを基礎にして，そこから出発して曲線の長さを確定しようとするところに基本的なアイデアが現れています．折れ線を構成する線分の本数を限りなく増やしていくとき，もし折れ線の長さが極限値をもつなら，その極限値を指して曲線 Γ の長さと呼ぼうというのです．

曲線 Γ の長さが存在するか否かは二つの関数 $x = \varphi(t), y = \psi(t)$ の性質によって左右されます．連続性を仮定するのは『解析概論』における曲線に課された基本的な約束ですが，これに加えて「有界変動」という性質を課すと Γ の長さが確定することが第 40 節で語られています．さらに微分可能であることと，導関数 $\varphi'(t), \psi'(t)$ が連続であること，しかも $\varphi'(t)$ と $\psi'(t)$ は「同時に 0 になる」ことはないことをも前提とすると，Γ の長さ s は等式

$$s = \int_a^b \sqrt{\varphi'(t)^2 + \psi'(t)^2}\,dt$$

で与えられます．右辺の積分は弧長積分として広く知られています．

今，この等式を受け入れることにします．t_0 を固定して，曲線 Γ の t_0 に対応する点から t に対応する点までの長さを $s = s(t)$ と表記すると，等式

$$s(t) = \int_{t_0}^t \sqrt{\varphi'(t)^2 + \psi'(t)^2}\,dt$$

が成立します．これを微分すると，

$$\frac{ds}{dt} = \sqrt{\varphi'(t)^2 + \psi'(t)^2} = \sqrt{\left(\frac{dx}{dt}\right)^2 + \left(\frac{dy}{dt}\right)^2}$$

となります．これを受けて高木先生は，「媒介変数に関係なく，微分記号を用いて」，

$$ds^2 = dx^2 + dy^2$$

と，ピタゴラスの公式のように見える等式を書きました．

肖像 3.1 ライプニッツ

曲線と折れ線

曲線を折れ線で近似するというのは考えやすいアイデアですが，微積分の黎明期に立ち返り，ライプニッツの考え方を観察すると，曲線を見る視線はまったく異なっています．ライプニッツにとって曲線というのは折れ線そのものでした．折れ線の辺の個数を増やしていくとだんだん曲線に近づいていくというのではなく，曲線は折れ線であるというのですが，どうしてそのようなことがありうるのかといえば，折れ線を構成する辺の長さが「限りなく小さい」からです．「限りなく小さい」という代りに「無限小」と言ってもよく，いっそ「長さがない」と言ってもさしつかえありません．

平面上に 2 本の直交する無限直線が引かれていて，1 本を x 軸，もう 1 本を y 軸と呼ぶことにします．この平面に曲線 Γ が描かれているとして，Γ 上の点 P を指定すると，ライプニッツの見るところでは P を含む無限小の折れ線が存在することになります．その折れ線を斜辺にもつ直角三角形を描くと，直角をはさむ 2 辺もまた無限小で，一方は x 軸と平行，もう一方は y 軸と平行です．そこでライプニッツの流儀にならって斜辺の長さを ds で表し，直角をはさむ 2 辺の長さをそれぞれ dx, dy と表記してみます．x 軸と平行な辺の長さが dx，y 軸に平行な辺の長さが dy です．これで三つの無限小量 dx, dy, ds が定まりましたが，この直角三角形にピタゴラスの定理を適用す

ると，等式
$$ds^2 = dx^2 + dy^2$$
がおのずと目に映じます．ds は曲線 Γ の線素と呼ばれることもあります．

　ライプニッツのように曲線を見ることにすると，曲線の長さというのは線素 ds をつないでいけばよいのですから，ごく自然に諒解されます．事のついでに接線はどうかというと，無限小の斜辺 ds を限りなく延長していけば，それが点 P における Γ の接線です．接線上の点を一般に (X, Y) で表すと，点 P の座標を (x, y) とするとき，傾きは $\dfrac{dy}{dx}$ ですから，接線の方程式

$$Y - y = \frac{dy}{dx}(X - x)$$

が書き下されます．『解析概論』にも同じ式が出ていました．

　このように曲線の長さも接線もなんでもないことのように認識されますが，ただひとつ，「曲線を無限小の辺がつながっている折れ線」と見るところが抵抗を誘い，受け入れがたいという感情が起ります．その感情はいわば知的な感情で，曲線を論理的に齟齬のない状態で理解しようとするときに発生します．

　数学のことですから，曲線に接線を引いたり長さを求めたりするためには曲線を見る視点を定めなければならないのですが，その視点は唯一ということはありません．ライプニッツのように見れば，曲線の観察の中から dx と dy の関係を抽出する計算法を発見する必要があります．ライプニッツはこれに成功し，それがそのまま黎明期の微分法になったのですが，この場合には「無限小」という観念を受け入れて，しかも「無限小直角三角形」に対しても通常の幾何学に見られるピタゴラスの定理が成立することを承認する必要があります．

　無限小というものに実在感を寄せる限り，ライプニッツの歩んだ道はいかにも平明で，どこにも障碍はありません．無限小の観念だけが「知」の反発を誘いがちなのですが，顧みれば「数」の観念もまた知的に解明するのはむずかしく，19 世紀の半ばになってようやく「数の創造」ということが熱心に考えられるようになったのでした．「無限小」を退けて極限の概念が導入された時期や状況を顧みると，「数」の場合ととてもよく似ています．

2　変化量の微分と関数の微分

ロールの定理と平均値の定理

『解析概論』では第 1 章で極限の概念を詳細に展開し，それから第 2 章に移って関数の微分商 $\dfrac{dy}{dx}$ を極限値として定義したのですが，そこにとどまらずになお一歩を進めて微分 dx, dy に固有の意味合いをもたせようと工夫を凝らしたのはなぜなのでしょうか．『解析概論』でいう微分は「限りなく小さくなる」という性質を備えた変化量であり，意味を付与することができました．積分の理論を作ると，それに基づいて曲線の弧長の計算ができるようになって等式 $ds^2 = dx^2 + dy^2$ が導かれるのですが，この等式はあくまでも論証の帰結であり，ピタゴラスの定理みたいな恰好になるのはなぜなのかということの説明は伴っていません．

論証で押していくと道筋が明快になる反面，意味が消失するという現象がこんなところにも現れています．サイクロイドの線素が出ているのは『解析概論』の 89 頁で，第 2 章，第 27 節「接線および曲率」の途中に等式 $ds = \sqrt{dx^2 + dy^2}$ がいかにもあたりまえのような顔をしてさりげない形で記されています．思うに高木先生にしても本当は無限小の直角三角形が心にあり，論理的にまちがいのない解釈はできたのですから安心してピタゴラスの定理を書いたのではないでしょうか．論理的もしくは知的な解釈は保険のようなもので，実際の計算の場面では無限小の時代と同じになり，しかもそのほうがはるかに自然に計算が進みます．

『解析概論』の第 2 章「微分法」の冒頭で微分商や微分の定義をめぐって細かな議論が展開された後に，

　　第 14 節　微分の方法
　　第 15 節　合成函数の微分
　　第 16 節　逆函数の微分
　　第 17 節　指数函数および対数函数

と話が進みます．有理関数や三角関数，逆三角関数，指数関数，対数関数など，基本的な関数の微分計算の方法が語られているのですが，特にむずかしいところもなくさらさらと進みます．微積分というものの本来の姿が現れるのはこのあたりです．

第 18 節「導函数の性質」に進むと真っ先に**ロールの定理**（定理 19）が語られます．

> $f(x)$ は区間 $[a,b]$ で連続，(a,b) で微分可能とする．もしも $f(a) = f(b)$ ならば，区間 $[a,b]$ の或る点において $f'(x)$ が 0 になる．すなわち $a < \xi < b, f'(\xi) = 0$ なる ξ がある．

証明を概観してみたいと思いますが，まず $f(a) = f(b) = 0$ として議論してさしつかえありません．なぜなら，$f(a) = f(b) = k \neq 0$ なら $f(x)$ の代りに $f(x) - k$ を考えればよいからです．$f(x)$ がいたるところで 0 になるのであれば証明することは何もありませんから，そうではないとして，$f(x)$ は正の値を取るとしてみます．有界閉区間上の連続関数は最大値をもちます（定理 13）から，$f(x)$ の最大値を $f(\xi)$ とすると，その値は必ず正，すなわち $f(\xi) > 0$ となります．それゆえ ξ は a もしくは b ではありえず，必然的に $a < \xi < b$ となるほかはありません．この ξ に対して $f'(\xi) = 0$ となります．

これを確認するには $x = \xi$ において $\triangle f = f(x) - f(\xi) \leqq 0$ となることに着目します．それゆえ，

$\triangle x > 0$ とすれば $\dfrac{\triangle f}{\triangle x} \leqq 0$．したがって $f'(\xi) \leqq 0$．

$\triangle x < 0$ とすれば $\dfrac{\triangle f}{\triangle x} \geqq 0$．したがって $f'(\xi) \geqq 0$．

$f'(\xi)$ は $\triangle x$ が限りなく 0 に近づくときに確定する極限値で，それが正にも負にもなりうるというのですから，実は 0 であるほかはありません．これで $f'(\xi) = 0$ であることがわかりました．$f(x)$ が負の値のみを取ることもありえますが，その場合には $f(x)$ の最大値ではなく最小値を考えることになります．

関数のグラフを描くとあたりまえのように見えるのですが，幾何学的直観に頼らずにどこまでも論証の力で押していくところに重点を置くのが『解析概論』の基本方針です．この証明を振り返ると，根底にあるのは「有界閉区間上の連続関数は最大値を取る」という事実で，その他の細かな議論の役割は論証の形を整えることだけです．唯一の致命的な事実を支えているのは有界閉区間と連続関数の性質ですが，その有界閉区間の性質というのは「任意の無限数列は収束する部分列をもつ」という事実であり，それをまた支えて

いるのは「実数の連続性」でした．

ロールの定理から**平均値の定理**が導かれます．『解析概論』の定理 20 がそれで，次のような命題です．

$f(x)$ は $[a,b]$ において連続，(a,b) において微分可能とする．然らば，

$$\frac{f(b)-f(a)}{b-a} = f'(\xi), \quad a < \xi < b$$

なる ξ が存在する（ラグランジュ）．

末尾にラグランジュの名が附されていますが，この定理はよく「ラグランジュの平均値の定理」と呼ばれます．『解析概論』の 52 頁を見ると，フランス系では「有限増加の公式」ともいうと註記されています．

平均値の定理と呼びたくなる命題はほかにもあり，『解析概論』の定理 21 では「コーシーの平均値の定理」が紹介されています．どちらの平均値の定理も証明の原理は同一で，適当に式変形を行ってロールの定理に帰着させるだけですから，根底にあって支えているのはやはり「実数の連続性」です．

連続関数の微分可能性

連続関数と微分可能関数の関係について，『解析概論』の第 14 節「微分の方法」の定理 16 において，

連続性は微分可能性の必要条件である．

ということが報告されています．微分可能な関数は必然的に連続であるというのですが，これを言い換えると，連続ではない関数は微分可能ではないということになります．それなら逆はどうかというと，かんたんな一例が挙げられて，連続関数は必ずしも微分可能ではないことが示されます．『解析概論』で挙げられているのは，実数直線上で定義された関数 $f(x)$ で，

x が 0 でないときは $f(x) = x \sin \dfrac{1}{x}$

$x = 0$ に対しては $f(x) = 0$

と定められるもので，この関数はいたるところで連続ですが，$x = 0$ において微分可能ではないことが確かめられます．

この関数は $x=0$ 以外のところでは $x\sin\dfrac{1}{x}$ というかんたんな式で表されているのですから，連続性も微分可能性も明白です．ただ一点，$x=0$ においてのみ，検討を要しますが，連続性については，不等式

$$\left| x\sin\frac{1}{x} \right| \leqq |x|$$

を書くとたちまち明らかになります．なぜなら，この不等式は x が限りなく小さくなるとき，$x\sin\dfrac{1}{x}$ もまた限りなく小さくなって，$x=0$ における関数 $f(x)$ の値 $f(0)=0$ に近づいていくことを教えているからです．微分可能性についてはどうかというと，見ているだけではわかりませんが，定義に従って

$$\frac{f(x)-f(0)}{x} = \sin\frac{1}{x}$$

を計算すると，x が限りなく小さくなるのにつれて，この値は -1 と $+1$ の値を際限なく振動し，ある定まった数値に向って限りなく近づいていくという現象は見られません．この観察を根拠にして，関数 $f(x)$ は $x=0$ において微分可能ではないという判定が下されるのですが，このような論証が可能になるのははじめに微分可能性の定義を書いておいたおかげです．

　このかんたんな事例を見るだけでもいろいろなことを考えさせられます．連続関数の微分可能性が当然のように見られていた時代は確かにあったように思います．関数の概念を数学に導入したのはオイラーですが，関数というのはもともと連続曲線の姿を把握しようとするところにねらいがあり，オイラーは関数のグラフを連続曲線と呼びました．オイラーは連続関数という言葉を使ったわけではなく，単に関数というばかりですが，関数のグラフを連続曲線と呼ぼうというのですから，オイラーの念頭にあったのは連続曲線と連続関数だけだったと見てさしつかえありません．

　オイラーにとって曲線はみな連続曲線だったのですが，連続曲線の定義に先立って曲線の連続性に対する強固なイメージが心に描かれていたのはまちがいありません．そのイメージはどこからやってくるのかといえば，あれこれの曲線が眼前に現れる状況に由来します．オイラーは「点の連続的な運動により曲線が機械的に描かれていく」ということを言っています．直線上を転がる円の一点が描くサイクロイドなどは典型的な事例と思いますが，何物

かが動くときに，その動きに連続性が感知されないことはないのではないでしょうか．星の動き，投げ上げた石の動きなど，何かが動けば軌跡が描かれて，その軌跡はつながっています．

運動が曲線を生成するというのであれば，運動にはつねに「動いていこうとする方向」が附随します．ある瞬間において，そこからどの方向に動こうとするのかが決まっていなければ動くことはできないからですが，「瞬間ごとに運動の方向がある」ということを微分法の言葉で言い換えるなら，「どの曲線にも接線がある」ということになります．曲線を連続関数のグラフと見る立場に立って，これをまた言い換えれば，「どの連続関数も微分可能である」と考えるのは自然です．『解析概論』でも説明されていたように，関数の微分係数は接線の方向を表すからです．

もっとも動いている途中で何らかの刺激を受けて，ある瞬間に方向が突然直角に折れるなどということはありえます．その特異な瞬間に対応する軌跡上の点においては接線を引くことはできませんから，関数の言葉で言えばところどころで微分係数をもたないこともありそうです．結局のところ，連続関数はたいていのところで微分可能であり，微分可能ではない箇所は例外的にぽつぽつと現れることがあるというほどの認識が共有されていたのではないかと思います．

フーリエの宣言と厳密な微積分

関数という概念の出自を顧みると，もともと微積分のために導入されたのですから，連続性も微分可能性もあたりまえのことでした．無理数に対して値1をとり，有理数に対しては値0をとるというディリクレの関数みたいなものを考えると，連続性も微分可能性もにわかに判断することができなくなりますが，そのような奇妙な関数ははじめから考えようともしなかったのですから気に掛けることはありません．加減乗除と「冪根をとる」という5通りの演算を総称して代数的演算と言い表しますが，変数と定数に対して代数的演算を施して組み立てられる式，すなわち代数的表示式でしたら微分の計算は簡明に行われますし，超越関数についても，三角関数，逆三角関数，対数関数，指数関数などの微分の計算法を個別に確認しておけばそれで十分です．

関数の定義もいろいろでしたし，連続性も微分可能性も定義というのはあるようなないような状態だったのですが，定義がないからといって困るこ

とはなく，微積分の計算は自在に行われていました．さながら桃源郷のような明るい世界だったのですが，困るようになったのは関数の範疇が極端に広がったためで，具体的にはフーリエ解析の影響が大きく作用しています．フーリエ解析は

　　完全に任意の関数をフーリエ級数で表示することができる．

というフーリエの宣言にはじまりますが，この宣言の中味を検討すると，「完全に任意の関数」や「（フーリエ級数という名の）級数の収束」の概念の「定義」が必要になります．これに加えて，フーリエ級数の係数は積分で表示されますから，「関数の積分」の定義も必要です．

　フーリエ級数は『解析概論』の第6章のテーマです．高木先生は第6章の冒頭で「区間 $[-\pi, \pi]$ において与えられた函数 $f(x)$ は，或る条件の下において，次のように三角級数に展開される」と指摘して，等式

$$f(x) = \frac{a_0}{2} + a_1 \cos x + b_1 \sin x + \cdots + a_n \cos nx + b_n \sin nx + \cdots$$

を書きました（同書，290頁）．このような展開が可能と仮定して，さらに $f(x)$ は積分可能とし，右辺の級数に項別積分を許すことにするなら，係数 a_n, b_n は確定し，積分を用いて

$$a_n = \frac{1}{\pi} \int_{-\pi}^{\pi} f(x) \cos nx \, dx, \quad (n = 0, 1, 2, \ldots)$$

$$b_n = \frac{1}{\pi} \int_{-\pi}^{\pi} f(x) \sin nx \, dx, \quad (n = 1, 2, \ldots)$$

と表されます．$f(x)$ の積分可能性を仮定するなら，これらの等式により a_n, b_n を定め，それらを係数にして三角級数を作ることができます．高木先生はそれを「$f(x)$ から生ずる**フーリエ級数**」と呼んでいます．その級数は収束するのかどうか，収束するとしても極限として認識される関数は提示された関数 $f(x)$ に合致するかどうか，さまざまな問題がここに発生し，それらの総体が『解析概論』の第6章を形作っています．

　第6章にいたるまでには第1章の実数論から始めて，第2章の微分法，第3章の積分法，第4章の無限級数論を準備しておかなければなりませんでした．すべては連続関数の桃源郷を離れて外部世界の曠野へと踏み出していくための準備です．

基本概念の定義を言葉で書き表して，簡明な論証を積み重ねていくというスタイルを採用すれば厳密性が感じられますが，この厳密性は従来の叙述様式をあいまいと見て反省して現れたのではなく，そうしなければ先に進めない状況に直面したためにやむなく編み出されたのでした．関数の連続性をイプシロン＝デルタ論法によって定義し，関数の微分可能性もまた極限の考え方に基づいて定義することになったのもたいへんな苦心の産物で，従来の連続性や無限小の観念をうまくすくいあげて不等式の言葉で表現したのですが，それらの定義の文言そのものから出発するという構えをとると意外な出来事が相次いで発生しました．「いたるところで微分可能ではない連続関数」などというのはその顕著な一例で，ポアンカレはそのあたりを念頭に置いて「論理はしばしば怪物を生み出だす」と指摘したのでした．

微分の微分

『解析概論』の第 2 章，第 18 節の末尾に「導函数の連続性について」という表題の「附記」が配置されています．微分可能な関数は必ず連続ですが，導関数についてはどうかということを問題にして，「導関数は必ずしも連続ではない」と指摘されました．これを言い換えると「微分法は連続性を保存しない」ということで，例として，

$$x \neq 0 \text{ のときは } f(x) = x^2 \sin \frac{1}{x}$$

$$x = 0 \text{ に対しては } f(0) = 0$$

と定義される関数が挙げられています．この関数は各点で微分可能ですが，導関数 $f'(x)$ は $x = 0$ において不連続です．連続性と微分可能性の定義に沿ってかんたんな計算を行うとすぐにわかることですが，このようなことはあらかじめ定義を定めておかないと判断がつきません．

導関数が不連続ならもうそれ以上微分することはできません．それなら関数の微分はどこまで続けていくことができるのでしょうか．ここに現れているのは高階導関数の存在の可能性と計算の仕方の問題ですが，かんたんな関数だけを相手にするのでしたらまったく問題にならないことですし，「完全に任意の関数」を考えようとするために発生する問題です．微分法がむずかしくなる真の原因がここにもまた現れています．

高階導関数の問題は第 19 節「高階微分法」で語られていますが，形式上

はなんでもなく話しが進みます．関数 $y = f(x)$ の導関数は $\dfrac{dy}{dx}$, y', $f'(x)$ などという記号で表されましたが，導関数の導関数，すなわち 2 階導関数は，

$$\frac{d^2y}{dx^2}, \quad y'', \quad f''(x)$$

と表記されます．以下，どこまでも同様の表記が続きます．

このあたりは記号の説明ですから何事でもないのですが，ここから先の数行がにわかにわかりにくくなります．記号 $\dfrac{d^2y}{dx^2}$ は導関数 $\dfrac{dy}{dx}$ の微分 $\dfrac{d}{dx}\left(\dfrac{dy}{dx}\right)$ をそのように書いただけなのですが，そのように書いたとたんに分数のような形になっています．そこで高木先生は dx^2 は dx の平方，すなわち冪 $(dx)^2$ であるというのですが，この説明がまず不可解です．それから，d^2y は $d(dy)$ の意味でそれを「y の第 2 階の微分という」と言われていますが，これもまた不思議なひとことです．

不可解なままにもう少し説明を続けると，等式

$$dy = y'\, dx$$

については前に説明がなされたとおりで，dx と dy の双方に意味が与えられました．そこでこの等式をさらに微分するというのですが，左辺の dy の微分は $d(dy) = d^2y$．右辺については，これを y' と dx の積と見て積の微分法を適用すると，$d(dy), d(dx)$ を d^2x, d^2y と略記して，

$$d(y'\,dx) = dy'\, dx + y'\, d(dx) = y''\, dx dx + y'\, d^2x = y''\, (dx)^2 + y'\, d^2x$$

と計算が進みます．『解析概論』にはそのように平然と書かれているのですが，なぜかしら受け入れがたい気持ちに誘われるのはなぜなのでしょうか．このようなところが『解析概論』の一番むずかしい部分です．

微分 dx については繊細な工夫を凝らして解釈し，独自の意味が与えられました．一般に変数 x の関数 $y = f(x)$ があれば，その微分 $dy = f'(x)\, dx$ に意味を付与する手順が示されたのですが，dx は「x 自身を x の関数と見たときの x の微分」でした．微分というのは変数 x の関数に対して考えられる概念ということになりますが，それなら d^2x は dx のそのまた微分なのですから，dx は x の関数と見られていることになります．では，どのような関数なのでしょうか．

dx の正体が明確につかめないために「微分の微分」の理解が妨げられてしまうのですが、『解析概論』の計算を続けると、

> さて x が独立変数ならば、$dx = \Delta x$ は x に関係なく自由に取れるのだから、$d^2 x = d(\Delta x) = 0$ として $d^2 y = y'' dx^2$

と不思議な文言が現れて、

> これは $\dfrac{d^2 y}{dx^2} = f''(x)$ を意味する.

と書かれています。$dx = \triangle x$ という等式は確かに dx を理解するための基本ですが、それなら $\triangle x$ とは何だったのかというと、$\triangle x = x_1 - x$ と規定されるのでした。x を固定するとき、もうひとつの x_1 を取って x との差を作るのですが、x_1 の取り方に格別の決まりはありませんのでどことなく不安定な感じがぬぐえません。それでも x が指定されるたびにそのつど x_1 をひとつずつ取るという操作を重ねていけば、$\triangle x = x_1 - x$ が x の関数として定まることは定まりそうです。その関数を dx と見てそのまた微分を作り、それを $d^2 x$ という記号で表すということになります。

独立変数とは何か

2 階微分を語る高木先生の言葉の中でどうもよくわからないのは「独立変数」の一語です。この言葉は『解析概論』に出てきましたが、それは「変数 x の関数 y」を語る場面でのことで、y の値は x の値に伴って変動するから x を独立変数と呼び、y を従属変数と呼ぶというだけのことでした（同書、18 頁）。変数を独立といっても、従属といっても特別の意味が付与されたわけではありません。同一の y の値に対応する x の値が常にひとつなら、個々の y に対してその x の値を対応させることにより「y の関数 x」を考えることができます。もとの関数の逆関数と呼ばれる関数ですが、今度は y が独立変数になり、x が従属変数になっています。

このようなわけですので、ある変数を独立変数と呼ぶことに固有の意味合いはないのですが、2 階微分を語る場面になって急に独立変数に注目が集まって、「x が独立変数ならば、$dx = \triangle x$ は x に関係なく自由に取れる」と言われています。dx を自由に取るというのであれば、各々の x についてそのつど工夫して dx の数値が一定になるようにするということで、そのよう

な状況を思い描けば，そのとき確かに dx は定数になります．どこまでも観念的な操作ですから，可能性が語られているだけなのですが，そのように考えれば確かに等式 $d(dx) = 0$ が成立します．定数の微分は0だからです．

論理的な視点に立てば齟齬はなく，これでよさそうですが，なんだか無理に無理を重ねているような感じもあります．歴史をさかのぼってオイラーの著作を見ると，独立変数という言葉が見られるわけではありませんが，微分方程式の解法の際によく「dx は定量とする」という文言に出会います．オイラーにとって微分 dx は変化量 x から作られる無限小変分で，つねに無限小の値をとりながら変化する変化量，すなわち無限小変化量です．つねに無限小の値を取るといっても変化量であることはまちがいありませんから，オイラーの心情のキャンバスにはいろいろな無限小の姿が描かれていたのであろうと思われます．無限小には大きさがないのですが，大きさのない世界に没入すれば，そこには「大きさのない量の大きさ」を測定する独自の秤が存在していて，「大きな0」と「小さな0」が識別されていたのであろうと思います．しかも「0の大きさ」もまたさまざまでした．

オイラーは「大きさのない世界」に対しても「大きさのある世界」と同様の実在感を抱いていたのであろうと思います．オイラーばかりではなく，オイラーの師匠のヨハン・ベルヌーイも，ヨハンの兄のヤコブも，ベルヌーイ兄弟に深遠な影響を及ぼしたライプニッツもまた同様です．「大きさのない世界」にも変化量と定量が存在し，変化量 x の微分 dx がその世界において定量であるとすれば，そのとき等式 $d^2x = d(\triangle x) = 0$ が成立します．x が独立変数であるからこの等式が成立するというよりも，むしろこの等式を独立変数の定義と見るほうがよいのではないかと思います．

等式 $\dfrac{d^2y}{dx^2} = f''(x)$ が成立しない例

x が独立変数でなければ等式 $\dfrac{d^2y}{dx^2} = f''(x)$ は必ずしも成立しません．t は独立変数として，二つの変数 x と y が t を媒介して

$$x = t^2, \quad y = t^3$$

という式を通じて結ばれているとします．微分の計算を遂行すると，

$$dx = 2t\,dt, \quad d^2x = 2\,(dt)^2 + 2t\,d^2t$$

$$dy = 3t^2\,dt, \quad d^2y = 6t\,(dt)^2 + 3t^2\,d^2t$$

と計算が進みます．t は独立変数ですから $d^2t = 0$．それゆえ，x と y の 2 階微分は $d^2x = 2\,(dt)^2$, $d^2y = 6t\,(dt)^2$ となります．

以上の計算を踏まえて，まず

$$\frac{d^2y}{(dx)^2} = \frac{3}{2t} = \frac{3}{2\sqrt{x}}$$

となります．ところが，y を x の関数の形に表すと，

$$y = x^{\frac{3}{2}}$$

ですから，

$$y' = \frac{3}{2}\sqrt{x}, \quad y'' = \frac{3}{4\sqrt{x}}$$

となります．y'' と $\dfrac{d^2y}{(dx)^2}$ が一致しませんが，その理由は x が独立変数ではないこと，言い換えると x の 2 階微分 d^2x が 0 ではないことにあります．

今度は $y = x^{\frac{3}{2}}$ から出発して，x は独立変数として計算してみます．$d^2x = 0$ ですから，

$$dy = \frac{3}{2}\sqrt{x}\,dx$$

$$d^2y = \frac{3}{4\sqrt{x}}\,(dx)^2 + \frac{3}{2}\sqrt{x}\,d^2x = \frac{3}{4\sqrt{x}}\,(dx)^2$$

$$\frac{d^2y}{(dx)^2} = \frac{3}{4\sqrt{x}}$$

と進み，これは y'' と一致します．

3　フーリエ解析のはじまり

フーリエの著作『熱の解析的理論』

高木先生の『解析概論』の第 6 章「フーリエ式展開」の主題はフーリエ級数ですが，フーリエ級数論を大きく包み込む今日のフーリエ解析の泉はフーリエの著作『熱の解析的理論』（1822 年）です．フーリエは熱伝導という物

肖像 3.2　フーリエ

理現象に着目し，数学を武器にして解明を試みました．その間の消息は書名の表題中の「解析的理論」という一語にくっきりと反映しています．本文だけで 601 頁．本文に先立って 22 頁に及ぶ序文が配置され，巻末には 36 頁もの詳細な目次が附されています．

　フーリエは熱伝導現象の数学的解明のためにまったく新しい数学の理論を構築しました．この書物の第 3 章「無限直方体における熱伝播」の第 6 節は「任意関数の三角級数展開」というのですが，フーリエは何らかの契機があって「完全に任意の関数をフーリエ級数に展開することができる」という確信を抱いたようで，明快な宣言が随所に見られます．『熱の解析的理論』は 9 個の章で編成され，各々の章はいくつかの節に分かれています．個々の節はそれぞれいくつかの条に区分けされていますが，条には全体を通して第 1 条から第 433 条までの番号が割り当てられています．第 3 章，第 6 節は第 207 条から第 235 条まで，全 29 条で構成されています．

関数と曲線

　フーリエのいう「完全に任意の関数」というものの姿を把握することをめざしたいと思います．次に引くのは第 220 条に見られるフーリエの言葉です．

　　以上のことから，等式

$$\frac{1}{2}\pi\varphi(x) = a\sin x + b\sin 2x + c\sin 3x + d\sin 4x + \cdots$$

に含まれる係数 $a, b, c, d, e, f, \ldots$ は，前に逐次消去法で得られてはいるが，一般項

$$\int \varphi(x)\sin ix\,dx$$

で表される定まった積分値となることがわかる．ここで i は求める係数をもつ項の番号である．この注意は，**まったく任意の関数さえも，どうすれば弧の倍数の正弦の作る級数に展開できるかを示している**点で重要である．実際，**関数 $\varphi(x)$ が何らかの曲線の可変向軸線によって表され**，その切除線は $x = 0$ から $x = \pi$ に及ぶとしよう．軸上のこの部分に $y = \sin x$ を向軸線とする既知の三角曲線 (la courbe trigonométrique) を描けば，積分項 (un terme intégral) の値を表現するのは容易である．各々の切除線 x に対して，$\varphi(x)$ の値と $\sin x$ の値が対応するが，後者の値に前者の値を乗じて，軸の同じ点において積 $\varphi(x)\sin x$ に相当する向軸線を立てると思えばよい．この手続きを連続的に行うことによって，3番目の曲線が作られるが，その向軸線は $\varphi(x)$ を表す曲線の向軸線に比例して変形された三角曲線の向軸線となる．このようにすれば，縮められた曲線の面積を $x = 0$ から $x = \pi$ まで取るとき，その面積は $\sin x$ の係数の正確な値を与える．$\varphi(x)$ に対応する与えられた曲線がどうあろうと，すなわちその曲線に解析的な方程式を与えることができるとしても，その曲線が規則正しいいかなる法則にも束縛されないとしても，それが何らかの仕方でつねに三角曲線を変形する働きを示すことは明白である．したがって，変形された曲線の面積は，どんな場合にもある定値を取り，それが関数の展開式における $\sin x$ の係数の値を与えるのである．次の係数 b，すなわち $\int \varphi(x)\sin 2x\,dx$ についても同様である．

フーリエはここで正弦関数だけしか現れない特殊な形のフーリエ級数を書きました．ここに引いた言葉の後半では，フーリエ級数の係数が定積分の形で与えられることが語られています．定積分については，次に引く第186条の言葉も参考になります．

今度は級数を補完する積分

$$\frac{1}{2^3 m^3} \int \cos 2mx \, d(\sec'' x)$$

を挟む限界を知ることが問題である．この積分を得るためには，積分が始まる限界 0 から弧の最終値 x にいたるまで，無数の値を弧に与え，x の各々の値に対して微分 $d(\sec'' x)$ の値と因子 $\cos 2mx$ の値を定め，それらの積をすべて加えなければならない．

二つの限界の間の各点に配置された微分 $\cos 2mx \, d(\sec'' x)$ の総和を作り，それを「積分」と呼ぶというアイデアが表明されていますが，コーシーのいう定積分と変るところはありません．

「関数 $\varphi(x)$ が何らかの曲線の可変向軸線によって表され」るという言葉には，関数に寄せるフーリエの認識が現れています．関数は曲線で表されるとフーリエは言うのですが，関数の姿を見るには平面上に自由に曲線 C を描くだけでは足らず，一本の無限直線 ℓ を引かなければなりません．フーリエはその直線を**軸** (l'axe) と呼んでいます．その軸上に点 A を任意に定めてそれを原点と呼ぶことにすると，これで曲線 C と関数概念の間に橋が架かります．C 上の点 P から軸に向って垂線 PM を降ろし，その長さを y で表します．また，原点 A から P までの距離を x で表します．直線 ℓ は原点 A を境にして二分されますから，一方を正の方向，他方を負の方向と定めることにして，線分 AM の長さを測定する際に M の位置の正負に応じて x にも正負の符号を付与することにします．この x は軸から切り取られた線分の長さを表していますので，これを**切除線**（原語は l'abscisse）と呼ぶことにします．y についても同様で，平面は軸 ℓ により二分されますので，一方を正の側，もう一方を負の側と名づけ，点 P の位置に応じて垂線 PM の長さ y の測定にあたって正負の符号を付与することにします．この y にも正負の符号が伴っています．フーリエはこれを L'ordonnée と呼んでいます．「整然と引かれた線分」というほどの意味合いの言葉と思いますが，ここでは意を汲んで**向軸線**という訳語を割り当てることにしました．

このようにして曲線 C 上の点には切除線と向軸線と呼ばれる二つの数値 x と y が割り当てられますが，視点を転換して切除線 x から出発してみます．軸の原点 A から x で表される切除線 AM を取り，次に点 M において軸に垂

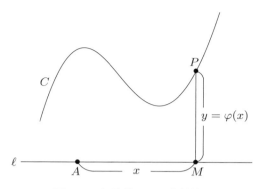

図 3.2 切除線および向軸線.

線を立てて，曲線 C 上の点 P に出会うまで伸ばしていき，線分 PM の長さを表す向軸線 y を定めます．これで「x に対応して y が定まる」という状況が現れますが，この場面においてフーリエは y を x の関数と呼び，$y = \varphi(x)$ と表記しています（図 3.2）．曲線というものの定義はありませんが，平面上に描かれた曲線というものの任意性はきわめて高く，ほとんど無制限のようにさえ思えます．フーリエは曲線の奥深くに宿っている関数を認識し，関数の任意性を曲線の任意性に基づいて諒解しようとしている様子がはっきりとうかがえます．関数を「曲線の解析的源泉」と見たオイラーの認識をいくぶん不徹底に継承し，関数の泉を曲線に求め，曲線の任意性を受け入れたうえで，それに対応して関数の任意性を諒解するという道筋がとられています．「完全に任意の関数」という観念がここから生れました．

フーリエからディリクレへ

曲線の定義を語る文言が欠如していますので，論理的な厳密性という視点から見ると，フーリエのいう関数にはこのままでは不満が残りそうな感じもあります．1858 年の秋，チューリッヒ工科学校に赴任して微積分の講義を始めることになったデデキントは，「単調な有界数列は収束する」という命題を証明することができないために困惑し，実数論の構築に向いました．曲線の直観的任意性に事寄せて「完全に任意の関数」を語るフーリエは，1858 年秋のデデキントととてもよく似ています．

フーリエの関数概念をめぐる数学的状況の場において，実数の定義を試み

たデデキントに相当する役割を果したのはディリクレです．ディリクレは曲線とは無関係に「1価対応」という概念を提案し，これを関数と呼びました．対応の多価性ははじめから放棄されていますが，これはフーリエ級数展開に固有の事情に根ざしています．

切除線 x に対応する点 M において軸に垂直に立てた線分を伸ばしていくとき，曲線 C との交点は1個というわけではなく，曲線の姿に応じて一般に無限に多くの交点が存在することもありえます．それゆえ，曲線の泉から汲まれる関数 $y = \varphi(x)$ は一般に多価性を示しますが，フーリエ級数への展開の可能性を考える際に取り上げられるのは1価関数のみであり，多価関数は放棄されます．なぜなら，フーリエ級数で表示される関数は1価関数であるほかはないからで，ディリクレが関数概念に1価性を課した理由がそこにあります．

対応の多価性を許容して「対応」という概念のみを抽出し，それを関数と呼ぶことにすれば，相当に任意性の高い曲線が関数のグラフとして復元されることになりそうです．代数曲線を復元するには代数関数の概念が要請されますが，代数関数は必然的に多価性を示します．ディリクレの関心は代数関数ではなくフーリエ級数に向いましたので，関数に1価性を課すことになりました．他方，代数関数の姿を正しく把握するには変数の変域を複素数域まで拡大しなければならないという認識が自覚され，ヴァイエルシュトラスとリーマンの登場を俟って，複素変数関数論の形成へと向いました．

ディリクレは若い日にパリに滞在し，フーリエの周辺で数学を学びました．その経験が実を結び，「1価対応」という，今日に続く関数概念が得られたのでした．

フーリエ級数の係数と定積分

フーリエ級数の係数は定積分で表されますが，フーリエは今も使われている記号を用いて定積分を書きました．次に引くのは『熱の解析的理論』の第229条の一節です．

> それゆえ，弧の倍数の正弦や余弦を用いて作られる級数は，定められた限界の間において，およそ考えられる限りのあらゆる関数を表したり，不連続性をもつ線や面の向軸線を表すのに適している．展

開の可能性が明らかにされただけでなく，級数の諸項を計算するの
も容易である．等式

$$\varphi(x) = a_1 \sin x + a_2 \sin 2x + a_3 \sin 3x + \cdots + a_i \sin ix + \cdots$$

における任意の係数の値は定まった積分値，すなわち

$$\frac{2}{\pi} \int \varphi(x) \sin ix \, dx$$

の値である．関数 $\varphi(x)$，すなわち，それを表す曲線の形がどのよう
なものであろうとも，この積分はカルキュラス（註．微分計算と積
分計算）に取り入れることのできる定値をもつ．

ここでもまた「関数を表す曲線」ということが語られています．正弦だけ
を用いてフーリエ級数が書かれていて，その係数は「定まった積分値」であ
ることが明記されていますが，ここに書き下された積分 $\frac{2}{\pi} \int \varphi(x) \sin ix \, dx$
には上下の限界が記入されていません．

次に引くのは第 235 条の言葉ですが，正弦と余弦を用いて構成される級数
という，フーリエ級数の一般的な姿が明記されています．

関数を三角級数に展開することに関して，この節で証明されたす
べてのことから帰結する事柄は次のとおりである．すなわち，関数
$f(x)$ が提示され，その値が $x=0$ から $x=X$ までの一定区間にお
いて任意に描かれた曲線の向軸線によって表されるとすれば，**この
関数はつねに，弧の倍数の正弦だけを含む級数や余弦だけを含む級
数，あるいは正弦と余弦を含む級数，またあるいは弧の奇数倍の余
弦だけを含む級数に展開することができる．**

フーリエ級数の係数の表示をめぐって，フーリエが挙げた事例をひとつ挙
げておきたいと思います．フーリエは区間 $(0,\pi)$ において関数 $\frac{1}{2}\pi x$ のフー
リエ級数展開

$$\frac{1}{2}\pi x = a_1 \sin x + a_2 \sin 2x + a_3 \sin 3x + \cdots + a_i \sin ix + \cdots$$

を書きました．係数 a_i $(i=1,2,\ldots)$ を決定するために，両辺に $\sin ix$ を乗
じて 0 から π まで積分すると，

$$\int_0^\pi \sin jx \sin ix\, dx = 0 \ (i \neq j \text{ のとき}), \quad \int_0^\pi \sin^2 ix\, dx = \frac{\pi}{2}$$

により,

$$\int_0^\pi \frac{1}{2}\pi x \sin ix\, dx = a_i \int_0^\pi \sin^2 ix\, dx = \frac{\pi}{2} a_i$$

と計算が進みます．これで，係数 a_i は定積分

$$a_i = \int_0^\pi x \sin ix\, dx$$

によって与えられることがわかりました．この定積分の表記法を提案したのはフーリエで，今もそのまま使われています．計算を進めると，

$$a_i = \frac{(-1)^{i+1}\pi}{i}$$

となり，係数の数値が決定されます．この係数を提示されたフーリエ級数に代入し，そのうえで両辺を π で割ると，$\frac{1}{2}x$ のフーリエ級数展開

$$\frac{1}{2}x = \sin x - \frac{1}{2}\sin 2x + \frac{1}{3}\sin 3x - \frac{1}{4}\sin 4x + \frac{1}{5}\sin 5x - \cdots$$

が得られます（図 3.3）．
　このフーリエ級数展開は高木先生の『解析概論』の 304 頁にも書かれています．そこではこの展開が成立する区間が広がって $(-\pi, \pi)$ となっていますが，計算は同じです．『解析概論』の 258 頁では複素対数 $\log(1+\zeta)$ の主値 $\mathrm{Log}(1+\zeta)$ のテイラー級数展開に基づいて，同じ級数が導かれています．

4　不定積分から定積分へ

求積法と積分法

　『解析概論』の第 3 章のテーマは積分法です．積分というと即座に念頭に浮かぶのは面積の話ですが，『解析概論』の第 3 章は古代ギリシアの数学者アルキメデスが計算したという，「一つの弦で限られた放物線の截片の面積」の算出法が紹介されています．三角形の面積なら求められますから，放物線で囲まれた領域を小さな三角形で覆い尽くしてしまおうというアイデア

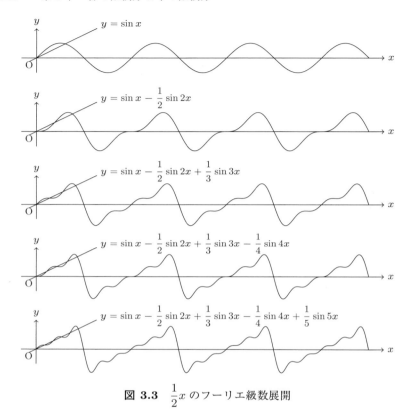

図 3.3 $\frac{1}{2}x$ のフーリエ級数展開

に基づいて計算を進めるのですが，これを高木先生は「搾出法（method of exhaustion）」と呼んでいます．

関数 $y = f(x)$ はつねに正の値をとるとして (x, y) 平面上にグラフを描き，x 軸上の区間 $[a, b]$ $(a < b)$ と y 軸に平行な 2 本の直線 $x = a$, $x = b$, それに関数 $y = f(x)$ のグラフで囲まれる領域の面積 S を求めるにはどうすればよいのでしょうか．アルキメデスの搾出法は「一つの弦で限られた放物線の截片」という特別の場合に対して考案された方法ですから，一般の場合には無力ですが，ライプニッツが提案した微積分の力を借りれば面積 S の算出はやすやすと遂行されます．そのためには $f(x)$ の原始関数と呼ばれる関数 $F(x)$ を見つければよく，首尾よく見つかったなら，

$$S = F(b) - F(a)$$

というように，原始関数の値の差として面積が求められます．関数 $f(x)$ の原始関数とは何かというと，「その導関数が $f(x)$ となる関数」のことで，『解析概論』ではそれを積分記号を使って

$$F(x) = \int f(x)\,dx$$

と表記しています．原始関数は微分法の世界に登場する概念であるにもかかわらず，わざわざ積分記号を使って表記するのはいかにも不思議なことで，謎めいた印象があります．

この命題は『解析概論』の 109 頁に記されていて，「微分積分法の基本公式」と呼ばれていますが，これは大雑把に言うとこのようになるということで，実際には無条件で成り立つわけではありません．『解析概論』はこの公式を目標として精密な議論を積み重ねています．

積分について語ろうとすると，結局のところ，この基本公式について語ることに帰着されてしまうのですが，そもそも積分法の形成をうながした要因は何かということを考えると，ひとまず「求積法」と答えるのがよさそうに思います．『解析概論』でも第 3 章の冒頭で求積法に触れて，「特殊の曲線曲面に関する求積法は，古代から知られていた．アルキメデスが球の面積および体積を計算した方法は有名であるが，……」と説き起こされて，それから搾出法の説明が続きます．求積法の中味はというと，面積や体積，それに曲線の弧長などが該当します．面積もさまざまで，『解析概論』の 391–392 頁を見ると「ヴィヴィアニの穹面」（図 3.4）が紹介されていて，その面積が算出されています．球面の一部分で，落下傘のような形の面なのですが，球の半径を a とするとヴィヴィアニの穹面の面積は $4a^2$ になります．球の直径の平方に等しいのですが，この点について高木先生は「この結果は発見当時（1692 年）驚異であったという」と言い添えています．『解析概論』の計算は微積分の力を借りて行われていますが，ライプニッツが微積分のアイデアを表明したのは 1684 年（微分法）と 1686 年（積分法）のことでした．ヴィヴィアニはイタリアの数学者で，晩年のガリレオ・ガリレイを師匠にもつ人物です．

面積や体積の算出法は求積法という呼称がよくあてはまりますが，曲線の弧長の算出法は求長法と呼ばれることもあり，オイラーの論文などに使用例

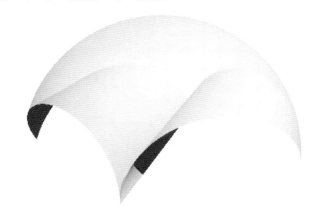

図 3.4 ヴィヴィアニの穹面

が見られます．求積法という言葉を広く取れば，求長法もまた求積法の一部と見てよいかもしれません．

原始関数の一覧表

積分法とは何かという問いを考えていくと，求積法のほかにもうひとつ，微分方程式の解法という課題がありますが，『解析概論』には微分方程式の章は設けられていません．オイラーの著作に『積分計算教程』(1768–1770 年) があり，全 3 巻という大部の書物ですが，内容はいろいろな種類の微分方程式の解法です．

オイラーの前の世代のライプニッツやベルヌーイ兄弟の時代には，積分法という代りに「逆接線法」という言葉が使われていました．文字通り接線法の逆の演算を指す言葉ですが，接線法の中味が微分法ですから，逆接線法は微分法の逆の演算ということになり，それなら積分法と同じもののように思えてきます．その逆接線法の実際の姿はかんたんな形の微分方程式を解いているように見えますから，逆接線法の延長線上におのずと微分方程式論が出現するかのようでもあります．

このようなわけで，積分法というと，

微分積分法の基本公式
求積法

逆接線法
　微分方程式

などがいっせいに連想されて，積分法のイメージはなかなか鮮明になりません．原始関数とよく似ているものに「不定積分」があり，両者の関係についても混乱しがちです．

　高木先生は古代の求積法から説き起こし，それから原始関数の話題に転じました．関数 $f(x)$ のグラフとして曲線を描き，その曲線で囲まれる領域の面積を求めるには原始関数を求めればよいという話をして，この方法によれば「無数の求積問題が解けてしまう」と高木先生は指摘しました．そうして「これが微分法の発見がもたらした大驚異であった」と言葉を続けるのですが，「積分法の発見」ではなく，「微分法の発見」と言われているところがいかにもおもしろく，心を惹かれます．

　このような近代の求積法では原始関数を見つける方法がポイントになりますが，その方法こそ，まさしく積分法の名に値します．『解析概論』の 98 頁には 19 個の関数 $f(x)$ と，その原始関数の一覧表が掲げられています．どのようにして原始関数を見つけたのだろうという疑問が起りますが，これは実は $f(x)$ が与えられたときに何らかの方法で $F(x)$ を見つけたというのではなく，$F(x)$ の導関数を計算して $f(x)$ を求めておいただけのことです．原始関数の一覧表の正体は実は微分計算の一覧表のことで，便利な表ですが，作成法の根拠は微分法です．高木先生が，積分法ではなくて「微分法の計算」がもたらした大驚異と言っているのもそのためであろうと思います．

　ところがこのあたりにすでに積分法にまつわる疑問の一端が顔を出しています．$F(x)$ のほうから $f(x)$ を見れば導関数ですが，逆に $f(x)$ のほうから $F(x)$ を見れば，$F(x)$ は $f(x)$ の積分です．かんたんな一例を挙げると，$f(x)=x^2$ の積分は $F(x)=\dfrac{1}{3}x^3+C$（C は定数）ですが，なぜかというと，微分計算により $F'(X)=x^2$ となることがあらかじめわかっているからです．それで積分記号を使って

$$\int x^2\,dx=\frac{1}{3}x^3+C$$

などと書くのですが，このようにするのはもともとライプニッツの流儀でもありました．『解析概論』でも原始関数を積分記号を用いて表記しています

が，そこにはライプニッツの流儀が生きています．

　もっともまたしても困惑させられてしまうのですが，ライプニッツは「積分」という言葉を使っていません．「積分」という概念を最初に使用したのはだれなのかという点を考証すると，ライプニッツではなく，ベルヌーイ兄弟（兄のヤコブと弟のヨハン）にさかのぼります．兄弟のどちらにもほとんど同時期に使用例が認められますが，最古ということになるとドイツの学術誌『アクタエルディトールム（*Acta eruditorum*，学術論叢)』の 1690 年 5 月の巻に掲載されたヤコブの論文を挙げることになりそうです．その論文のテーマは等時曲線ですが，前後の消息は見ないことにして，使われた場面だけを切り取って書き留めておくと，途中に微分方程式

$$dy\sqrt{b^2y-a^3} = dx\sqrt{a^3}$$

が現れて，

　　それゆえ，これらの Integralia は等値される．
　　(Ergo & horum Integralia æquantur)

という言葉が続き，等式

$$\frac{2b^2y-2a^3}{3b^2}\sqrt{b^2y-a^3} = x\sqrt{a^3}$$

が書き下されました（図 3.5）．Integralia（インテグラリア）はラテン語ですが，英語，ドイツ語，フランス語に移されても同形で，日本語では「積分」という言葉が割り当てられました．『アクタエルディトールム』はオットー・メンケがライプニッツの協力を得て 1682 年にライプチヒで創刊した学術誌です．

　ここに見られる語法によると，積分という演算の対象は微分方程式 $dy\sqrt{b^2y-a^3} = dx\sqrt{a^3}$（原文のまま写しましたが，$\sqrt{b^2y-a^3}\,dy = \sqrt{a^3}\,dx$ と書けば今日の通常の表記法になります）の左右に書かれている二つの微分式 $\sqrt{b^2y-a^3}\,dy$，$\sqrt{a^3}\,dx$ です．微分式 $\sqrt{b^2y-a^3}\,dy$ の積分 $\frac{2b^2y-2a^3}{3b^2} \times \sqrt{b^2y-a^3}$ は変化量 y と定量 a, b を用いて組み立てられた代数的な表示式ですが，微分計算を適用してその微分を作ると微分式 $\sqrt{b^2y-a^3}\,dy$ が得られます．それが微分式 $\sqrt{b^2y-a^3}\,dy$ の積分であるということの意味です．正

ACTA ERUDITORUM

218

Solutionem Problematis nudam dedit Ill. Hugenius in Nov. Roterod. Hanc postea excepit in Act. Lipf. A. 1689. p. 195. sqq. celeb. Auctoris Demonstratio Synthetica. Analysin, quam suppressit uterq, ipsius Auctoris calculo differentiali institutam nunc pando, eum in finem, ut Virum Cel. ad par officii genus publico præstandum, tentandamque sua Methodo Problematis deinceps proponendi solutionem invitem.

Tab. VII.
Fig. 1.

Intelligatur grave demissum ab A per curvam quæsitam BFG, in qua sumtæ sint particulæ infinite parvæ, adeoque pro rectis habendæ DG, FH, altitudinum æqualium GI, HL, eæque producantur in M, N, ut fiant Tangentes GM, HN, ipsique HN parallela ducatur GP. Celeritates gravis acquisitæ in G & H eædem sunt, cum iis quas acquireret descendendo perpendiculariter ab eadem linea horizontali AC, per rectas CG, EH, quæ quidem sunt Quadrata ipsarum celeritatum, ut notum. Quibus positis,
CG. EH :: Quad. Celerit. in G. Quad. Cel. in H :: DGq. FHq :: DGq. GIq ✚ GIq (HLq). FHq :: GMq . GCq ✚ HEq. HNq :: GMq . GCq ✚ GCq . GPq :: GMq . GPq. Unde Problema ad puram Geometriam reductum huc redit : Datis positione recta AC & puncto A invenire curvam BHG, talem ut applicata CG ad applicatam EH rationem habeat duplicatâ ejus, quam habet tangens GM ad rectam GP parallelam tangenti HN. Patet autem, rectam AC, ad quam applicantur CG, EH, non posse esse axem curvæ, nec A verticem; cum alias applicata ad punctum A evanesceret, ac proinde applicatarum ratio fieret infinite magna, ejusdem subduplicata manente finita.

q. e. a. | HL. HF :: GC. GP | a. y :: bbdyq . aadxq ✚
Anal. CG=a | dy. √dxq✚dyq::a.a√dxq✚dyq / dxq | aadyq,
GM=b | | bbydyq=a^3 dxq ✚
 | CG. EH :: GMq . GPq | a^3 dyq,
AE=x | | bbydyq $−a^3$dyq =
EH=y | a . y :: bb . aadxq✚aadyq / dyq | a^3dxq,
 | | dy√bby$−a^3$=dx√a^3

Ergo & horum Integralia æquantur, np. $\frac{2bby-2a^3}{3bb}$ √bby$−a^3$ = x

√a^3; positoque y$-\frac{a^3}{bb}$=Z, habetur $\frac{2}{3}$ Z √ bbz=x√a^3 | $\frac{4}{9}$bb z3= a^3xx

図 3.5 *Acta eruditorum* (1690 年 5 月) 218 頁. 下より 3〜1 行目に, "$dy\sqrt{bby - a^3} = dx\sqrt{a^3}$ Ergo & horum Integralia æquantur, np. $\frac{2bby - 2a^3}{3bb}\sqrt{bby - a^3} = x\sqrt{a^3}$" という言葉が見える.

確に言えば微分式の積分は唯一というわけではなく，かえって無数に存在するのですが，どの二つの積分も差を作ると定量（積分定数と呼ばれることがあります）になるだけですからしばしば省略されます．右辺の微分式 $dx\sqrt{a^3}$ の積分についても同様です．

連続関数の桃源郷

どのような関数に対してもつねに原始関数が存在するわけではないことは，たとえばディリクレの関数のことなどを思い浮かべると諒解されるかもしれません．その原始関数はもしかしたらあるのかもしれないと思わないわけでもありませんが，他方ではまたとても存在しそうにないような気もします．このようなことが気にかかるのも関数の概念が極端に一般化されたためなのですが，このあたりを『解析概論』はどのように言っているかというと，またしても連続関数に限定して，「連続関数の原始関数は存在する」という命題を述べています（101頁）．

このような状況を目にすると，どうも連続関数という概念は関数の中でもよほど特殊な位置を占めているという強い印象に襲われるのですが，その理由は明記されているわけではなく，ただ連続関数に対してならああも言える，こうも言えると語られているばかりです．先ほどの「連続関数は原始関数をもつ」という命題もそうですが，それ自体はむずかしいということはなく，証明もそのまま読めば何ごともないのですが，なぜ連続関数を取り上げるのだろうというところに解きがたい疑問があります．そのために命題の文言を見てもその証明を丹念に追っても心に残ることがなく，わかったという気持ちになれません．このようなところが『解析概論』の本当のむずかしさなのであろうと思います．

黎明期の微積分には今日のような（言い換えると，オイラーが提案したような）関数の概念はなかったのですが，関数の言葉を使って強いて読み返してみると，目に映じるのは連続関数ばかりです．微分計算が適用できるのは当然のことですから，『解析概論』に出ているような「微分積分法の基本公式」もあたりまえのように諒解されていました．そこで当時の状況に立ち返り，関数の言葉を採用することにして，しかもラグランジュが提案した原始関数という言葉も使うことにすれば，関数の積分とは何かと問われたなら，端的に原始関数のことと規定するという方針も考えられそうです．実際のと

ころ，それでたいていは不自由はなく，微分の計算も積分の計算も自由自在に実行できるのですが，連続関数の世界の外側に出ていこうとすると新たな困難に直面します．

ひとまず連続関数の世界と言いましたが，もともと微積分の計算の場が考えられているのですから，もう少し正確にいうと「微分可能な連続関数の世界」というべきところです．これをかんたんに「連続関数の世界」と呼んでみたのですが，そこはさながら桃源郷のような世界です．微分と積分は互いに逆の演算になっていますから，積分は原始関数のことと思えばよく，『解析概論』で原始関数が積分記号を使って表記されたところにも，黎明期の微積分の名残が尾を引いています．

ところが連続関数の世界の桃源郷を離れて外部の世界へと踏み出していこうとすると，あれこれの概念がたちまち乖離して，ひとつひとつの概念を独自に作り直さなければならない事態に陥ってしまいます．関数の微分の定義も極限の概念を基礎にして規定することになりましたが，積分についても，原始関数のことと決めることはもうできません．なぜなら，必ずしも連続ではない関数に対し，その原始関数が存在するかどうか，もう何もわからないからです．19世紀のはじめ，コーシーの苦心がそこにありました．

連続関数の定積分

関数概念を提案したオイラーにしても依然として「変化量とその微分」の世界に住んでいて，オイラーにとって関数もまた変化量でした．オイラーの解析学3部作の第3番目の著作『積分計算教程』には「定積分」の定義は見当たらず，積分の概念は当初から「微分の逆」と規定されています．実際，第1巻の冒頭に「積分」の定義が出ていますが，それによると積分というのは微分式 $X\,dx$ に対して定まる概念で，「その微分が $X\,dx$ になる変化量 y」，すなわち，等式 $dy = X\,dx$ を満たす変化量 y のことを「微分式 $X\,dx$ の積分」と呼んでいます．この語法にはヤコブ・ベルヌーイが最初に書き留めた「積分」という言葉の語法が踏襲されています．オイラーはこの積分 y を

$$y = \int X\,dx$$

と表記しました．

X は x の関数ですが，『解析概論』なら y を「関数 X の原始関数」と呼ぶ

ところです．

　関数 X が多項式，分数式，三角関数，指数関数，対数関数など，あるいはそれらを組み合わせて作られるかんたんな形の関数であれば，たいていの場合，原始関数は具体的に見つかります．一般の関数の場合にはそのあたりがとたんに不明瞭になりますので，あくまでも「関数を相手とする微積分」の構築をめざす以上，何かしら新しい道筋を考案する必要に迫られます．『解析概論』の記号と用語法に合わせることにして，関数 $f(x)$ の原始関数 $F(x) = \int f(x)\,dx$ が存在する場合，$F(x)$ の取る値のひとつひとつを指して，オイラーは「積分の定まった値」と呼んでいました．なんでもない日常語ですが，コーシーは視点を逆転させて「積分の定値」の概念のほうを先に定義して，それを「定積分」と呼びました．「コーシーの和」の極限値に着目し，その極限値が存在するか否かを問うという，大胆でもあり，斬新でもあり，実におもしろいアイデアです．

　「コーシーの和」というのはこの場限りの用語で，よく目にするのは「コーシー＝リーマンの和」や「リーマンの和」です．『解析概論』には特別の呼称は見られません．

　コーシーは一般の関数を相手にしたのではなく，どこまでも連続関数の世界にとどまりましたが，連続関数の定積分というものの定義を書いたのもまたコーシーなのでした．

　「コーシーの和」による連続関数の定積分の定義を書き留めておきたいと思います．有界閉区間 $[a,b]$ において連続関数 $f(x)$ が与えられたとき，コーシーは区間 $[a,b]$ を $x_1, x_2, \ldots, x_{n-1}$ において n 個の細区間に分割しました．それを

$$(\triangle) \qquad a < x_1 < x_2 < \cdots < x_{n-1} < b$$

と表記します（このあたりの記号は『解析概論』の第3章，第30節「定積分」の記号法にならっています）．n 個の細区間の幅を

$$\delta_i = x_i - x_{i-1} \ (i = 1, 2, \ldots, n)$$

$$\text{ただし，} \delta_1 = x_1 - a, \ \delta_n = b - x_{n-1}$$

と置き，各々の細区間 $[x_{i-1}, x_i]$ から任意の点 ξ_i を取り，和

$$\sum\nolimits_{\Delta} = \sum_{i=1}^{n} f(\xi_i)\delta_i$$

を作ります．また，分割 Δ の細区間の幅の最大値を δ とします．このように状勢を整えた上で，δ を限りなく小さくしていくとき，分割 Δ と ξ_i の選択に無関係に和 $\sum_{\Delta}$ の極限が存在するなら，その極限値 I を指して「区間 $[a,b]$ における $f(x)$ の定積分」と呼び，これを積分記号を用いて

$$I = \int_a^b f(x)\,dx$$

と表します．

　関数の連続性のみを仮定して，有界閉区間上の連続関数の定積分の存在を示すには，有界閉区間上の連続関数の特別の性質を明らかにしておく必要があります．それは，**有界閉区間上の連続関数は一様連続である**という事実で，『解析概論』でいうと 29 頁に書かれています．藤原先生の『数学解析』にも 89 頁に出ていて，この命題は**ハイネの定理**と呼ばれているという註釈が添えられています．

外の世界へ

　『解析概論』の積分論の対象は連続関数に限られているわけではなく，もう少し広く，有界関数が取り上げられています．歴史的に見ると，コーシーは連続関数を取り上げたのですが，次の世代のリーマンはより一般の関数を対象にして，コーシーと同じ道筋をたどって定積分の定義を書きました．リーマンはすでに連続関数の世界の外側に踏み出していったことになります．

　フーリエ級数の係数が定積分で表されることはフーリエ自身もはっきりと認識していました．フーリエは定積分のイメージを面積の比喩をたどって語るのみで，幾何学的な直観から離れた定義はありませんでした．これに対しコーシーは『解析教程』において定積分の定義を書きましたが，コーシーが対象にしたのは連続関数のみでした．完全に任意の関数をフーリエ級数に展開しようというのであれば連続関数だけを相手にするのでは不十分ですし，そのためには定積分の概念規定の対象となる関数の範囲を広くとる必要があります．

　リーマンはディリクレのフーリエ級数論を継承し，

肖像 3.3　リーマン

「三角級数による関数の表示可能性について」

という論文を書きました．1854 年のことで，この年の 6 月 10 日，リーマンはゲッチンゲン大学で教授資格取得のための講演を行ったのですが，それに先立って三つの講演題目「三角級数による関数の表示可能性に関する問題の歴史」，「二つの未知量をもつ二つの 2 次方程式の解法について」，「幾何学の根底に横たわる仮説について」を提出したところ，ガウスは第 3 のテーマを選定しました．第 1 のテーマの講演は実際には行われなかったのですが，「三角級数による関数の表示可能性について」という論文が残されました．冒頭に「三角級数による関数の表示可能性に関する問題の歴史」という標題をもつ一文が配置され，この理論の歴史的経緯が詳細に回想されています．

　コーシーがそうしたように「コーシーの和」と同じ形の和を作り，細区間の幅を限りなく小さくしていくときに極限値が存在するか否かを論じるのですが，そのような経緯に由来して，「コーシーの和」ではなく「コーシー＝リーマンの和」もしくは単に「リーマンの和」と呼ぶ習慣が定着しています．ただし，『解析概論』には呼称は記されていません．

　『解析概論』の第 3 章，第 32 節の節題は「積分函数　原始函数」です．関数 $f(x)$ が積分可能である区間において，ひとつの定点 a を取り，任意の点 x に対して

$$F(x) = \int_a^x f(x)\,dx$$

と置くと，$f(x)$ と同じ区間における関数 $F(x)$ が定まります．これが積分関数です．積分関数の性質が二つ並んでいます．まず，積分関数は連続関数です（108 頁，定理 34）．次に，積分関数の微分可能性については，積分関数という用語が導入される前にすでに第 30 節「定積分」の場で論じられていて，「連続関数 $f(x)$ の積分関数は微分可能であり，その導関数は $f(x)$ である」こと，言い換えると，「連続関数 $f(x)$ の積分関数は $f(x)$ の原始関数である」ことが明らかにされています．

積分関数とよく似ていて，同じようでもあり違うようでもある概念に**不定積分**があります．『解析概論』の 109 頁から 110 頁にかけて小さい字で書かれているのですが，積分 $\int_a^x f(x)\,dx$ の上の限界を変数とし，下の限界を任意の定数とすると，その定数をどのように定めても，差は x に無関係であると高木先生は註記しました．もう少し詳しく言うと，$f(x)$ が積分可能な区間内の任意の定数 a と a' に対し，等式

$$\int_{a'}^x f(x)\,dx = \int_a^x f(x)\,dx - \int_a^{a'} f(x)\,dx$$

が成立しますが，右辺の第 2 の項 $\int_a^{a'} f(x)\,dx$ は x と無関係です．そこで高木先生は，「このように積分の下の限界なる定数を指定しない場合に，積分を限界なしに $\int f(x)\,dx$ と書いて，それを不定積分という」と説明しました．実にわかりにくい概念です．

原始関数と不定積分

原始関数と不定積分は同じようでもあり，別のもののようでもあり，曖昧な感じがぬぐえないのですが，もともと出自の異なる概念ですし，積分論という同一の場において比較するために混乱が生じるのではないかと思います．「積分」という言葉の初出については既述のとおりですが，もともと積分の対象は微分式でした．オイラーもこれを継承して，微分式 $X\,dx$ の積分を $y = \int X\,dx$ と表記したのでした．オイラーのいう積分 y はそれ自体が変化量で，等式 $dy = X\,dx$ を満たすという唯一の条件が課されています．

「微分式とその積分」の世界から「関数とその定積分」の世界に移行して，コーシーがそうしたように定積分という概念から出発することにするとき，この新たな世界において，かつてオイラーが積分という名で呼んだものに相当する何物かはどのような姿で現れるのでしょうか．この問いに対して二通りの応答が考えられます．ひとつは積分関数，もうひとつは原始関数です．積分関数というものを考えることができるのは定積分から出発することにしたからで，定積分の概念が定まっていなければ積分関数という概念はありえません．

他方，原始関数という概念は微分法の世界に所属するもので，観念的に考えると積分法とは関係がありません．ラグランジュの著作『解析関数の理論』(1797年) に登場し，原語は fonction primitive です．ラグランジュのいう関数は「変化量と定量を用いて何らかの仕方で組み立てられる表示式」のことで，オイラーが『無限解析序説』(全2巻，1748年) において導入した関数概念と同じものです．ラグランジュの記号をそのまま使うことにして，変化量 x の関数を fx と表記し，$f(x+i)$ を

$$f(x+i) = fx + pi + qi^2 + ri^3 + si^4 + \cdots$$

という形の無限級数（テイラー級数と呼ばれています）に展開すると，係数 $p, q, r, s, \ldots$ は関数 fx を用いて

$$p = f'x, \quad q = \frac{f''x}{2!}, \quad r = \frac{f'''x}{2\cdot 3}, \quad s = \frac{f^{\mathrm{IV}}x}{2\cdot 3\cdot 4}, \quad \cdots$$

と表されます．このような状勢のもとで，ラグランジュは $p, q, r, s, \ldots$ を fx に関する**導関数** (fonctions dérivées) と呼び，fx を導関数 $p, q, r, s, \ldots$ に関する原始関数と呼んでいます．原始関数という言葉は，あらゆる階数の導関数がそこから導き出されてくるところの関数，いわば導関数の泉というほどの意味合いで用いられています．

ある関数が与えられて，それを泉とする一系の導関数の側に身を置いたとき，はじめに提示された関数は原始関数という名で呼ばれます．これがラグランジュの語法です．導関数の対比のもとで素朴な名前をつけただけのことで，積分法とは関係がありませんが，この語法が転用されて高木先生の『解析概論』に見られるように「関数とその原始関数」という用法が行われるよう

になりました．この点は藤原先生の『数学解析』でも同様ですが，言い表し方に若干のニュアンスの違いが認められます．『解析概論』では，関数 $f(x)$ の原始関数というのは「その導関数が $f(x)$ となる関数」であり，主体性はあくまでも与えられた関数 $f(x)$ のほうにあります．これに対し，『数学解析』では，

> $f(x)$ が開区間 (a,b) 上で連続かつ微分可能である場合には，$f(x)$ から微分によって導函数 $f'(x) = F(x)$ が求められる．この場合に，$f(x)$ を函数 $F(x)$ の**原始函数**または $F(x)$ の**積分**と名づけ，これを記号 $\int F(x)\,dx$ で表す．（『数学解析 第一編 微分積分学 第1巻』，273頁）

と規定されています．はじめに提示された関数 $f(x)$ は，その導関数 $F(x)$ の側から見ると原始関数になるというのですから，単に名前をつけただけのことで，ラグランジュの語法と同じです．ところが藤原先生はなお一歩を進めて原始関数を積分とも呼び，しかも引用文の先を見ると，定積分と区別するためにこの積分は不定積分と呼ばれることもあると言い添えています．原始関数と不定積分は同じものの別名になりました．

「微分式とその積分」の世界から「関数とその定積分」の世界に移るとき，前者の世界における積分にもっともよく対応するのは原始関数です．オイラーのいう微分式 $X\,dx$ の積分とは等式 $dy = X\,dx$ を満たす変化量 y のことでしたが，「関数とその定積分」に移れば，y は「その導関数が関数 X に等しい関数」のように見えます．そこでラグランジュの語法を流用して，関数 y を X の原始関数と呼ぶことにしたのであろうと思われますが，それを積分記号を用いて $y = \int X\,dx$ と表記するところにオイラーの影響の名残りが感知されます．

どこまでもオイラーの流儀に沿うことにするならば，原始関数という言葉は使わずに単に積分と呼べばよく，現に藤原先生の『数学解析』では「原始関数」と「積分」が同じ意味で使われています．オイラーは微分式の積分の存在を疑っていませんでした．というよりも，積分の存在する微分式だけを考えていたというべきかもしれませんが，オイラーは微分計算の逆演算を積分計算と呼び，微分式に対して積分計算を適用して得られる変化量を指して，

その微分式の積分と呼んでいます．これに対し，コーシーは微分式の積分の存在を疑う立場から出発しています．微分式 $X\,dx$ において X は x の関数ですが，多項式や三角関数，指数関数，対数関数などを組み合わせて作られるかんたんな形の表示式であれば，$X\,dx$ の積分は容易に算出できそうです．ところが関数の概念を拡大し，X としてたとえば「ディリクレの関数」を採用すると，微分式 $X\,dx$ の積分の存在はたちまち不明瞭になってしまいます．関数概念の拡大は解析学の不可避の要請でしたから，コーシーやリーマンはまったく新たな困難に直面したのでした．

ここにおいてコーシーが採用したのは「積分それ自体」の概念を規定するという道でした．微分計算の逆演算として積分計算を把握するのではなく，「関数 X の定積分」の概念を規定して定積分の可能性を論じるという方策ですが，完全に任意の関数の定積分をいきなり考えるというのは無理で，コーシー自身は連続関数に限定して，その定積分を提案しました．リーマンは関数の範囲をもう少し広く取って，その定積分を語りました．

定積分から出発するという構えを取ると，オイラーのいう積分に該当するものは二つの概念に分れていきますので，別々に名前をつけることになりました．ひとつは原始関数で，この用語はラグランジュに借りました．この概念にはオイラーの積分概念がそのまま踏襲されています．もうひとつは積分関数ですが，これは定積分の概念を前提にしてはじめて考えられるもので，オイラーにはありません．このような諸事情のもとで，不定積分とは何かということをあらためて考えてみると，不定積分という単一の概念はもう必要ではないのではないかと思います．原始関数と積分関数を統合する符牒のようなものですから，藤原先生の『数学解析』のように原始関数の別名と考えてもよく，高木先生の『解析概論』のように，「積分の下限が指定されない積分関数」と考えてもさしつかえありません．

不定積分の概念規定は重要な問題ではありませんが，原始関数と積分関数の関係の考察はコーシー以降の微積分の根幹に触れる問題です．

「連続関数の世界」の再構成

『解析概論』の記述に沿って，どの二つも定数だけの差しかない無数の積分関数をひとつのまとまりと見て，それを不定積分と呼ぶことにしたいと思います．不定積分と原始関数の関係はどうかというと，連続関数は積分可能で

すから積分関数を考えることができて，しかもその積分関数は原始関数になるのでした．言い換えると，積分関数は微分可能で，その導関数ははじめに与えられた関数になります．何かある原始関数が先に与えられたとして，それをある積分関数と比較すると，両者の差は定数でしかありません．なぜなら，それらの導関数は同じ関数になって一致するからです．原始関数も無数に存在して，しかもどの二つの差も定数になるところは不定積分と同じです．これで原始関数の全体は不定積分であることがわかりました．ここのところを高木先生は「$f(x)$ が連続関数なら不定積分は原始関数と同意語である」と言っています．

同じことを少し言葉を変えてもう一度繰り返すと，連続関数を積分して微分するともとにもどります（連続関数の積分関数は原始関数）．ある関数が微分可能で，しかもその導関数が連続ならば，与えられた関数は導関数の原始関数であることになりますから，導関数の積分関数のひとつです（微分して積分するともとにもどる）．高木先生はこの状況を要約して，「連続関数に関する限り，微分と積分は互いに逆な算法である」と言い表しました．これが「微分積分法の基本公式」です．

『解析概論』の積分法の対象は連続関数に限定されているわけではなく，一般に有界な関数の積分論が語られているのですが，連続関数に限定すると，コーシーが組立てた理論になります．コーシーの解析学を顧みると，『解析教程』（1821 年）において極限の理論と連続関数を語り，

『無限小計算に関して王立理工科学校で行われた講義の要約（*Résumé des leçons données à l'école royale polytechnique sur le calcul infinitesimal*）』（1823 年）

において微積分を語りました．後者の『要約』は 2 部構成になっていて，前半は微分法，後半は積分法にあてられています．デデキントやカントールより前の時代のことですので実数論はありませんが，極限の考え方を基礎にして，微分法と積分法を別々に構築し，そのうえで微分と積分は互いに逆の演算であること，すなわち『解析概論』でいう「基本公式」が確立されるという順序になっています．

このように歩を進めると微分と積分は概念的に見る限り互いに無関係ですが，最後に「基本公式」が示されて意外な相互関係が明らかになるという仕組

RÉSUMÉ DES LEÇONS

DONNÉES

A L'ÉCOLE ROYALE POLYTECHNIQUE,

SUR

LE CALCUL INFINITÉSIMAL,

Par M. Augustin-Louis CAUCHY,

Ingénieur des Ponts-et-Chaussées, Professeur d'Analyse à l'École royale Polytechnique, Membre de l'Académie des Sciences, Chevalier de la Légion d'honneur.

TOME PREMIER.

A PARIS,
DE L'IMPRIMERIE ROYALE.

Chez DEBURE, frères, Libraires du Roi et de la Bibliothèque du Roi, rue Serpente, n.° 7.

1823.

図 3.6 『無限小計算に関して王立理工科学校で行われた講義の要約』扉.

みですから,「基本公式」は定理であり,証明の対象です.これに対し,コーシー以前のオイラーの微積分ではそうではなく,積分ははじめから微分の逆でした.「基本公式」は証明の対象ではなく「発見」であり,この発見のおかげで求積法(面積や弧長を求める方法)や逆接線法(曲線のすべての接線を知って曲線を復元する方法)が確立されました.今日の目には定義の文言に厳密性に欠けるように見えるものもあることはありましたが,それで困ることはなく,自由に計算が行われ,みごとな果実が大量に実りました.

コーシーはさながら桃源郷のような「連続関数の世界」を組立て直したのですが,首尾よく「基本公式」に到達したのは実に幸いなことでした.もし連続関数の世界で基本公式が成立しないような事態に立ち至ったとするなら,関数,関数の連続性,定積分などの一連の定義とそれらを連繋する論証のどこかに欠陥があったことになり,コーシーの企図は失敗したことになるからです.実際にはそうはならず,コーシー以前の連続関数の微積分はコーシーの手でまったく新たな形で復元されました.

リーマン積分とルベーグ積分

コーシーが展開した微積分は何かしら新しいものを作り出したわけではありませんが,「連続関数の世界」の外の世界に踏み出していくための道を照らす灯台のような役割を担うことになりました.まさしくそこにコーシーの真価が認められます.『解析概論』の第3章を読むと,特別に難解な論証が見られるわけではなく,書かれているとおりに進んでいくとどこまでも淡々と歩み続けていつのまにか終点に達します.さてそこで顧みると,いったい積分法とは何のことだったのだろうという疑問に襲われて,茫漠とした心情に包まれてしまいます.このような場面にあちこちで直面するのが,『解析概論』を読むということに伴う本当のむずかしさです.

『解析概論』の第9章のテーマはルベーグ積分ですが,その名のとおりフランスの数学者アンリ・ルベーグが提案した積分の理論です.これに対し,第3章の積分論は「コーシー=リーマンの積分」,あるいは単に「リーマン積分」と呼ばれています.『解析概論』の第3章には「リーマン積分」という呼称は見られませんが,初版の「緒言」には明記されています.

リーマンは連続関数の世界の外に出て有界な関数のリーマン積分を考察しましたが,有界であって,しかも不連続点が有限個しか存在しない関数で

肖像 3.4 ルベーグ

あれば，多少の附帯条件のもとで微分積分法の基本公式が成立します．もう少し詳しく書くと，区間 $[a,b]$ においてそのような関数 $f(x)$ を考えるとき，$[a,b]$ で連続な関数 $F(x)$ で，有限個の点を除いて等式 $F'(x) = f(x)$ が成立するものが見つかったなら，$f(x)$ は「広義積分」が可能であり，等式

$$\int_a^b f(x)\,dx = F(b) - F(a)$$

が成立します（定理37，117頁）．不連続点が存在するために「積分可能」ということの意味合いを少々広く取り，「広義の積分可能性」ということを前もって規定しておかなければなりません．

取り上げられる関数がいっそう一般的になると，リーマン積分の手に負えない事態が現れます．高木先生は，「一般のリーマン積分法からの，これ以上の収穫は，$f(x)$ が有界ならば，無数の不連続点があっても積分可能でありうるということの認識である」（『解析概論』，119頁）と言っていますが，そのあたりが限界であろうと思います．この壁を越えていくためには積分の定義そのものを変えるほかはなく，そこにルベーグ積分の出番があります．実際，高木先生は「リーマン積分法は積分論を終結させるのではない」と明言し，そのうえで「二十世紀に入って，ルベーグ積分論が出現してからは，リーマン積分は中間的の存在になってしまった」と指摘しました．『解析概

論』ではリーマン積分論が懇切に語られていますが，それはあくまでも伝統に従ったまでのことで，本当はリーマン積分は省略してはじめからルベーグ積分論を叙述したかったのであろうと思います．

　積分の話から少々はずれますが，ここで「緒言」で語られている高木先生の言葉に耳を傾けてみたいと思います．高木先生は「解析概論に取入れるべき材料の取捨が他の一つの困難な問題である」と，執筆にあたっての苦衷を表明しているのですが，何が困難なのかといえば，ひとつには，「根幹を取って枝葉を捨てることは当然でも，根幹と枝葉との境界は必ずしも分明でなく，実は確定でもない」というところです．それともうひとつ，「伝統の顧慮がある」と高木先生は指摘して，それを指数関数と三角関数を例にとって語っています．

　高木先生の言葉をなぞると，これらの関数は初等解析において王位を占めているけれども，その古典的導入法はまったく歴史的です．これを言い換えると偶発的ということで，「すこぶる非論理的と言わねばなるまい」というのです．さてそこで，もし「解析概論においてその歴史的発生を無視することが許されないとするならば，これらの函数の合理的導入法を述べる上に，古典的導入法が偶発的である所以をも説くことが，解析概論に課せられた迷惑な任務というものであろう」というのが高木先生の所見です．『解析概論』を書くうえで，このあたりの取扱いにたいへんな苦心を払った様子がうかがわれますが，この本の特色が表れるのもまさしくそこのところです．

　指数関数と三角関数については後述する予定ですが，高木先生は「このような事例は一二に止まらない」として，「リーマン積分の解説のためにパルプを惜しむことを得ないのも同様の事情に由来する」（『解析概論』，x頁）と言っています．次に引くのは『解析概論』の第3章「積分法」の途中に書き留められた「附記」で，積分の歴史が回想されています．

> 連続函数の積分を和の極限値として基本的考察を試みたのはコーシー（1823）であろう．連続性を仮定しないで，積分可能の条件を確定したのはリーマン（1854）である．故に本章で述べた意味においての積分を今はリーマン積分といっている．
>
> 広義積分を定義するに際して，我々は，いわゆる特異点が有限区間内に無数にある場合を放棄した．リーマンの立場において，この場

合を取り上げるのは労多くして効少いであろうから，それはルベー
グ積分論に委譲するのが適当であろう．（118 頁）

歴史的な事情があるのでリーマン積分を無視できなかったけれども，本当
はルベーグ積分を書けば十分だったのだと，いかにも言いたそうな口振り
です．

面積と定積分

関数の積分を定義するのにリーマン積分とルベーグ積分の 2 種類があり，
『解析概論』にはどちらについても詳しく叙述されていますが，あらためて
考えてみると 2 種類の積分が存在するというのはいかにも奇妙です．積分の
理論の起源を求積法に求めることにしてみると，円の面積や，球の表面積，
あるいはまた『解析概論』の第 3 章の冒頭で紹介されていたような「一つの
弦で限られた放物線の截片」の面積などでしたら，面積が存在するのは自明
の理で，存在しないかもしれないと疑う人はいないと思います．面積の存在
に疑いをはさむ余地のない領域はたくさんありますが，それらを統一的な視
点から一挙に算出することを可能にしてくれたのがライプニッツの積分法で
した．

ところが領域の形が複雑になってくると，面積の存在が明白とはいえない
こともあります．連続関数 $f(x)$ が与えられたとき，関数 $f(x)$ のグラフと x
軸との中間において 2 本の縦線の間に挟まれる領域の面積を $S(x)$ で表わす
と，それもまた x の関数であり，しかもその導関数を作るともとの関数 $f(x)$
が復元されます．そこで一般に $f(x)$ をその導関数とする関数 $F(x)$，すなわ
ち等式 $F'(x) = f(x)$ が成立する関数 $F(x)$ を $f(x)$ の**原始関数**と呼ぶことに
して，これを積分記号を用いて

$$F(x) = \int_a^x f(x)\,dx$$

と表記すると，面積を表す関数 $S(x)$ は原始関数の仲間です．

原始関数はひとつしかないわけではなく，かえって無数に存在しますが，
どの二つの原始関数も定数だけの差しかないのですから，どれかひとつの原
始関数が見つかったなら，それを用いて面積の算出が可能になることになり
ます．そこで「領域の面積」というものの概念を既知と仮定すれば，「面積」

そのものをもって「関数の積分」の定義とすることも考えられます.

関数 $f(x)$ の原始関数というのは面積のことで，それはまた $f(x)$ の積分でもあります．面積が先にあり，積分が後になっているのですが，この順序を逆にして，定積分の定義を先に書いて，それから面積を決めることにすると，積分の定義をどうするかという課題が発生します．高木先生はこう言っています．

> さきには面積を使って，むぞうさに原始函数を出してしまったが，原始函数の存在が問題になるならば，面積の可能性も同様でなければならない．我々は無頓着に面積，体積などといっているが，そもそも面積，体積とは何を意味するか？（『解析概論』，97 頁）
>
> このような問題が縁起になって，19 世紀以後に，かなり安全なる解析学の建立が成就したのである．（同上）

このあたりの消息は曲線の接線と関数の導関数の関係によく似ていて，図形から出て図形から離れ，再び図形にもどってくるという道順が採用されています．

積分の理論を先に作るという構えに出るのはひとつの有力な選択です．かつてオイラーは曲線をどのように理解するかという問いに対し，曲線には「解析的源泉」というものが存在するという考えを打ち出しました．それが関数でした．関数を先にして曲線は関数を通じて理解するという構えになりましたので，関数の定義をどうするかという課題が新たに発生し，いろいろな定義が考案されました．面積と積分の関係もよく似ていますが，コーシーはオイラーの先例にならったのかもしれません．

曲線の解析的源泉を関数と見ることにすると，曲線は関数を通じて把握されることになりますが，その際，関数の定義によって既知の曲線の姿が変るようなことがあってはならず，円はいつでも円のままですし，サイクロイドはいつでもサイクロイドです．関数の定義は変遷しても，曲線の世界には不変な範疇が存在します．それと同様に，たとえば円の面積をリーマン積分で計算してもルベーグ積分で計算しても結果は同一で，古くから知られていた数値になります．もう少し一般的に言うと，有界閉区間上の連続関数の定積分は積分の概念をリーマン式に考えてもルベーグ式に考えても同じです．

「連続函数以外では，微分積分法はむずかしい！」

大きな問題になるのは連続函数の世界の外に出るとどうなるかということで，積分の概念がいくつも提案された理由もそこにあります．

外の世界に出ると積分はどうなるかということについて，『解析概論』の110頁にいくつかの注意事項が列挙されています．どれもみな微分積分法の基本公式に関することなのですが，もしも連続性を仮定しないならば，一般にこの公式は成立しないとのこと．具体的に観察すると，**微分可能な関数の導関数は必ずしも連続ではない**という現象が普通に見られます．$F'(x) = f(x)$ であっても $f(x)$ は連続とは限らないのですが，そうすると必ずしも積分可能ではないことになり，「微分した後に積分してもとにもどる」ことができません．また，導関数 $f(x)$ が不連続であっても有界であれば，リーマン式の積分を考えることにすれば積分可能であることはありえます．したがって積分関数を作ることができますが，それは必ずしも出発点の $F(x)$ と（定数をのぞいて）合致するとは限りません．これを言い換えると，**不定積分と原始関数が乖離することが起りうる**ということにほかなりません．

有界な関数 $f(x)$ がリーマン積分可能であれば**積分関数** $\int_a^x f(x)\,dx$ **は必ず連続になります**（『解析概論』108頁の定理34）が，必ずしも微分可能ではなく，「積分した後に微分してもとにもどる」ことができません．それに，たとえ**微分可能であっても，その導関数は** $f(x)$ **と合致するとは限りません**．具体的な事例を示そうとすると，かんたんなものもあれば，非常にむずかしいものもありますが，とにかくこのような不可解な現象が相次ぎます．そこで高木先生は，

　　連続函数以外では，微分積分法はむずかしい！

と嘆息の声をあげました．連続関数の世界の内と外の境界を越えるところに微積分の難所があることを明示する言葉ですが，このような肉声が随所に響いているのも『解析概論』の魅力です．

高木先生が列挙した事例を見ると，連続関数の外の世界では「微分積分法の基本公式」が必ずしも成り立たないことがわかりますが，なかでも不思議なのは「導関数が積分可能ではない」という関数の存在です．積分の定義を変えようとする動機がこのあたりにあります．リーマン積分とは別の積分の

定義を考案してこのようなことが起らないようにしたいという心情が生れるのですが，これを実際に遂行したのがルベーグでした．「基本公式」は微積分の黎明期から存在し，この公式の発見がそのまま微積分の創造だったのですが，オイラー，コーシー，リーマン，ルベーグと続く歴史的変遷を顧みても，「基本公式」は常に不動の指針であり続けました．蕉門の俳諧でいう「不易と流行」の「不易」に該当します．「流行」のほうにあてはまるのは，コーシー，リーマン，ルベーグなどによる積分のいろいろです．

　出発点に立ち返って，積分法の名のもとに何を明らかにしたかったのだろうと問うことも意味があると思います．求積法については『解析概論』に書かれていますが，逆接線法と微分方程式を解くことについては記述がありません．特別の定積分の値を求めることに重要な意味があることも多く，『解析概論』にも多くの計算例が紹介されています．積分法に課された任務はほかにもまだありそうです．

第4章 「玲瓏なる境地」をめざして

1 「関数」の定義を求めて

還元不能の3次方程式

　数学の歴史の中で虚量と呼ばれる量，あるいはまた虚数という名で呼ばれる数に関心が寄せられ始めたのはいつのころからなのでしょうか．遭遇する場面は多いのですが，一番身近な事例を挙げると，2次の代数方程式を解こうとするとたちまち虚数に出会います．2次方程式は2重根をもつことがあり，その場合には根の個数を2個と数えることにすると，「2次方程式はつねに2個の根をもつ」という簡明な言明が許されます．ただし，その場合，実根のみを数えるのではなく，実数で表されない根，すなわち虚根も許容するという姿勢を明らかにしておかなければなりません．

　実ではない根は考えないことにして捨ててしまうという態度に徹することも考えられますが，数学史を顧みると，数学の創造に携わった人びとは正反対で，虚量もしくは虚数という不可思議な何物かに出会うと，そのつど強固な実在感を感知して，積極的に受け入れようとつとめる姿勢が際立っています．関数の変数の変域もこの流れに乗って拡大されて複素数域に及び，複素変数関数論の形成に向いました．

　代数方程式の解法ということを考えてみると，2次方程式でしたらむずかしいことはなく，かんたんな式変形により根を表示する式が見出だされます．2次方程式 $ax^2 + bx + c = 0 \ (a \neq 0)$ の根の公式と呼ばれる式

$$x = \frac{-b \pm \sqrt{b^2 - 4ac}}{2a}$$

が書き下されますが，この表示式の形を観察すると，提示された方程式の三

つの係数 a, b, c に対して加減乗除の 4 通りの演算と「平方根をとる」という演算を施して組み立てられています．平方根に限定せず，一般に「任意次数の冪根をとる」という演算を許容して，これに加減乗除の 4 演算と合わせて認識される 5 通りの演算を指して**代数的演算**と呼んでいます．いくつかの量が与えられたとき，それらに対して代数的演算を施して作られる式を**代数的表示式**と呼ぶことにします．一般に代数方程式が与えられたとき，その根を係数の代数的表示式として表すことができたなら，その状況を指して，提示された代数方程式は**代数的に解ける**，あるいは**代数的解法を許容する**と言い表しています．上記の 2 次方程式の根の公式が示しているのは，2 次方程式は代数的に解けるという簡明な事実です．

代数方程式を解くといっても当初は代数的解法ということが自覚的に認識されていたわけではなく，根の表示へと導く力のある巧みな式変形を見つけるところに工夫がありました．それでも 16 世紀のイタリアにシピオーネ・デル・フェッロ，タルタリア，フェラリという人びとが現れて，フェッロとタルタリアは 3 次方程式，フェラリは 4 次方程式の代数的解法を発見しました．1545 年にカルダノの著作『大技術，あるいは代数学の法則について』が刊行されたとき，そこに 3 次方程式の解法が記述されました．それはタルタリアの解法だったのですが，カルダノがタルタリアの名前を出さなかったため，3 次方程式の解き方を示す手順は「カルダノの解法」もしくは「カルダノの公式」と呼ばれるようになりました．

3 次方程式もまた虚根をもつことがありますが，カルダノの解法を適用して根の表示を試みると，実根であるにもかかわらず虚数を避けることができないという，不思議な事態に直面することがあり，**還元不能の場合**と呼ばれています．一例として，3 次方程式

$$x^3 - 63x - 162 = 0$$

にカルダノの方法を適用してみます．二つの文字 u, v を導入して $x = u + v$ と置き，これを提示された方程式に代入すると，

$$x^3 - 63x - 162 = \cdots = u^3 + v^3 - 162 + 3(uv - 21)(u + v) = 0$$

となります．そこで $u^3 + v^3 - 162 = 0, uv - 21 = 0$ となるように u, v を定めれば，それらを用いて根 x の値が確定します．$v = \dfrac{21}{u}$ を $u^3 + v^3 - 162 = 0$

に代入して v を消去すると，u に関する方程式

$$u^6 - 162u^3 + 9261 = 0$$

が得られます．これは 6 次方程式ですが，u^3 に関して 2 次ですから，2 次方程式の根の公式を適用して，

$$u^3 = 81 \pm 30\sqrt{-3}$$

という表示が得られます．u と v の対称性に留意すると，$u^3 = 81 + 30\sqrt{-3}$ と取れば $v^3 = 81 - 30\sqrt{-3}$ となります．そこで 3 乗根を作れば u, v の値がそれぞれ 3 個ずつ定まります．

等式

$$(-3 + 2\sqrt{-3})^3 = 81 + 30\sqrt{-3}, \quad (-3 - 2\sqrt{-3})^3 = 81 - 30\sqrt{-3}$$

により，3 乗根 $\sqrt[3]{81 + 30\sqrt{-3}}$ は三つの値

$$-3 + 2\sqrt{-3}, \quad \omega(-3 + 2\sqrt{-3}), \quad \omega^2(-3 + 2\sqrt{-3})$$

を表しています．ここで，$\omega = \dfrac{-1 + \sqrt{-3}}{2}$ は 1 の原始 3 乗根，すなわち方程式 $x^3 = 1$ の虚根です．もうひとつの 3 乗根 $\sqrt[3]{81 - 30\sqrt{-3}}$ は，三つの値

$$-3 - 2\sqrt{-3}, \quad \omega(-3 - 2\sqrt{-3}), \quad \omega^2(-3 - 2\sqrt{-3})$$

を表しています．カルダノの公式は，これらを組み合せることにより，提示された方程式の 3 個の根が得られることを教えています．等式 $uv = 21$ に留意して組み合せると，ひとつの根は

$$x = (-3 + 2\sqrt{-3}) + (-3 - 2\sqrt{-3}) = -6$$

です．第 2 の根は，

$$x = \omega(-3 + 2\sqrt{-3}) + \omega^2(-3 - 2\sqrt{-3})$$
$$= -3(\omega + \omega^2) + 2\sqrt{-3}(\omega - \omega^2)$$
$$= 3 + 2\sqrt{-3}(2\omega + 1)\sqrt{-1} = 3 + 2\sqrt{-3} \times \sqrt{-3} = 3 - 6 = -3.$$

第 3 の根は，

$$x = \omega^2(-3 + 2\sqrt{-3}) + \omega(-3 - 2\sqrt{-3})$$
$$= -3(\omega^2 + \omega) + 2\sqrt{-3}(\omega^2 - \omega)$$
$$= 3 - 2\sqrt{-3}(2\omega + 1)\sqrt{-1} = 3 - 2\sqrt{-3} \times \sqrt{-3} = 3 + 6 = 9$$

と算出されます．根の表示式には虚数 $\sqrt{-3}$ が避けられないにもかかわらず，3 個の根はすべて実根であることがわかります．

　根の公式をあてはめると虚数を経由して実根が表示されるのですから，還元不能の 3 次方程式が存在するという事実はいかにも不思議ですが，かえって虚数の実在感を一段と高める役割を果しているように思います．カルダノは $\sqrt{-9}$ を例にとり，

　　$\sqrt{-9}$ は $+3$ でも -3 でもなく，何かしら秘められた第 3 の種類のものである．

などという不思議な言葉を残しています．第 1 の種類の数は正の数，第 2 の種類の数は負の数と見て，どちらでもない $\sqrt{-9}$ のようなものを「第 3 の種類」に区分けしたのですが，無意味なものと見てぞんざいに捨て去るようなことはせず，この正体不明の何物かに寄せて感知された実在感を隠そうとしませんでした．

ゼロより大きくもなく，ゼロより小さくもなく，ゼロに等しくもないものとは

　16 世紀のイタリアの数学者たちの発見に続いて，有力な数学者たちにより次数が 4 をこえる代数方程式の解法の探索が行われました．オイラーもまたそれらの一群の数学者のひとりでした．代数方程式は複素数域において必ず根をもつことを主張する**代数学の基本定理**を認識し，5 次方程式の解法を試みたりしたのですが，そのオイラーに「方程式の虚根の研究」という論文があります．オイラーがベルリンに滞在中に書いた論文で，ベルリンの科学文芸アカデミーの紀要，第 5 巻（1751 年）に掲載されました．222 頁から 288 頁まで，67 頁に及ぶ長編です．論文の表題に見られるとおり，オイラーは代数方程式の根が虚数になるという現象に関心を寄せて，

> これらの（代数方程式の）根のすべてが実量になるわけではなく，
> それらのうちのいくつかが虚量であったり，あるいはまたすべての
> 根が虚量であったりするという事態はごくひんぱんに起る．

という現象を指摘しています．すでに 2 次方程式の場合に遭遇する現象であり，3 次方程式に移ると「還元不能な場合」にさえ出会うほどですから，方程式が虚根をもつという事実の指摘には格別のことはありません．ところがオイラーはなお言葉を続け，虚量というものの概念規定に及び，

> ゼロより大きくなく，ゼロより小さくなく，ゼロに等しくもない量
> は虚量と呼ばれる．

と言い添えました．どのような量も，ゼロに等しくない限り，ゼロより大きいか（正の量），ゼロより小さいか（負の量）のいずれかでしかありえないと考えるのはごく自然なことですが，そのような正負の比較を超越した場所に，まったく別の種類の量が存在するという確信が，ここに表明されました．この場合，虚量の存在を支えるのはオイラーの確信のみであり，その確信の根底には虚量の実在感を感知するオイラーの鋭敏な感受性が横たわっています．

オイラーの言葉を続けると，自乗したら -1 になる量，すなわち $\sqrt{-1}$ は虚量です．一般に，a, b は実数として，$a + b\sqrt{-1}$ という形の量は，b が 0 でない限り虚量です．なぜなら，このような量は正ではなく，負ではなく，ゼロでもないからです．それゆえ，虚量とは「何かしらありえないもの（quelque chose d'impossible）」（オイラーの言葉）であるかのような印象に襲われるのですが，オイラーはその「ありえないもの」を放棄するようなことはせず，積極的に受け入れようとしています．

オイラーは 3 次方程式 $x^3 - 3x^2 + 6x - 4 = 0$ を例示して，その 3 個の根

$$1, \quad 1 + \sqrt{-3}, \quad 1 - \sqrt{-3}$$

を書きました．これらのうち $x = 1$ は実量ですが，後者の 2 根は虚量です．実根の個数は 1 個．虚根の個数は 2 個．方程式の次数は 3 次です．そこでオイラーは「代数方程式はその次数に等しい個数の根をもつというとき，実根と虚根のすべてを根の仲間に数えなければならない」と言っています．「代数方程式はその次数に等しい個数の根をもつ」という言明は，今日の語法で

は「代数学の基本定理」と呼ばれていますが，オイラーの真意はここにあり，この簡明な一般的命題は虚根を受け入れなければ成立しないことを明示するために，上記の3次方程式の三つの根を観察したのでした．「次数 n の代数方程式は（重複する根の個数は重複度に応じて数えることにするとき）n 個の根をもつ」という簡明な言明が可能になるためには，虚根に実根と同等の資格を付与して根の仲間に参入しなければなりませんが，この事実を自覚的に許容する限り，虚量もしくは虚数の実在感もまたおのずと高まってくるように思います．

　虚量もしくは虚数というときの「虚」というのは imaginaire（フランス語．「想像上の」の意）という形容詞の訳語で，初出はカルダノの次の時代のデカルトの著作『幾何学』です．想像上の量とはいいながら，デカルトはこれを拒絶しようとしているわけではありません．カルダノのいう「何かしら秘められた第3の種類のもの」や，オイラーのいう「何かしらありえないもの」と同じことで，何ものかであることを自覚しながらも，正体をつかめないことに対して困惑する心情が率直に語られています．

ヨハン・ベルヌーイの美しい発見

　オイラーの論文「方程式の虚根の研究」の掲載誌（ベルリン科学文芸アカデミー紀要，第5巻）が刊行されたのは1751年と記録されていますが，この時期のオイラーは虚量もしくは虚数をめぐっていろいろな角度から思索を深めていた模様です．解析学3部作の第1作『無限解析序説』（全2巻）の刊行は1748年ですが，第2巻を見ると負数と虚数の対数をめぐる記述に出会います．オイラーは何かしら確信があったようで，**負の数の対数は虚量である**と宣言し，それから**おのずから明らかであると言ってもよいし，$\log(-1)$ と $\sqrt{-1}$ の比が有限値をもつことによりわかると言ってもよい**と理由のようなひとことを書き添えました．負の量の対数というものの存在をまったく疑っていないのですが，そればかりかそれが虚量であることをあたりまえのことのように受け止めているのは驚くばかりです．心情の面においてよほど強固な確信に支えられていた様子がうかがわれますが，「$\log(-1)$ と $\sqrt{-1}$ の比が有限値をもつ」という指摘には胸をつかれるような思いがします．なぜなら，ここにはオイラーの数学の師匠のヨハン・ベルヌーイの発見が語られているからです．

第 4 章 「玲瓏なる境地」をめざして

肖像 4.1 ヨハン・ベルヌーイ

ヨハン・ベルヌーイの発見というのは，

$$\frac{\log\sqrt{-1}}{\sqrt{-1}} = \frac{\pi}{2}$$

という等式のことで，ヨハンがオランダのグロニンゲンに滞在中に書いた手紙に書き留められています．その手紙の記入された日付は 1702 年 8 月 5 日です．オイラーは「負数と虚数の対数に関するライプニッツとベルヌーイの論争」（ベルリン王立科学文芸アカデミー紀要，第 5 巻，1749 年．実際の刊行年は 1751 年）でもこの等式に言及し，そこでは「美しい」という形容詞を冠して **「円の面積を虚対数に帰着させるというベルヌーイの美しい発見」**と呼んでいます（図 4.1–4.3）．この等式は虚数の対数に関する真理の一断面を語るものではありますが，このままでは完全に正しいとは言えず，これを受け入れるといろいろな矛盾に逢着します．

　ヨハン・ベルヌーイが発見した等式を書き直すと，等式

$$\log\sqrt{-1} = \frac{\pi}{2}\sqrt{-1}$$

が得られます．両辺を 2 倍すると，左辺は

$$2\log\sqrt{-1} = \log(\sqrt{-1})^2 = \log(-1)$$

153

qu'elle ne rend que douteufe la premiere raifon, il ne perdroit rien de renoncer à cette premiere raifon, & de s'en tenir principalement aux autres. Car au fond la feconde objection ne détruit point fon fentiment, qui fe réduit uniquement à prouver que $l-1$ n'eft pas $=o$: or la feconde objection ne porte aucune atteinte à cela, vu que fi e^y doit être $=-1$, l'expofant y ne fauroit être aucune fraction de la forme $\frac{m}{2n}$, pour que le figne radical puiffe fournir une valeur negative. Car on conviendra aifément, que foit qu'on mette pour y un nombre affirmatif plus grand que zero, ou un nombre negatif quelconque pour y, la valeur de la puiffance e^y ne devient jamais $=-1$. Donc fi y n'eft pas imaginaire, il faudroit qu'il fut $e^y = -1$ dans le cas $y = o$. Mais dans ce cas évanouït toute ambiguité de fignes, qui pourroit avoir lieu à caufe des fignes radicaux, & il eft indubitablement $e^o = +1$. Et fi l'on vouloit dire, qu'on put regarder o comme $\frac{o}{2}$, & e^o comme $\sqrt{e^o} = \sqrt{1}$, dont la valeur feroit auffi $=-1$; ce feroit une exception fort foible, puifque par la même raifon on prouveroit que $-a = +a$: car pofant $a = a^{\frac{2}{2}} = \sqrt{a^2}$, on en tireroit auffi bien $a = -a$ que $a = +a$. Pour prévenir ces fortes de conféquences fauffes on n'a qu'à remarquer, qu'une telle expreffion $a^{\frac{m}{2n}}$ n'a deux valeurs, l'une affirmative & l'autre negative, que lorfque la fraction $\frac{m}{2n}$ eft réduite à fes plus petits termes, & que le dénominateur demeure encore un nombre pair. Ainfi comme la valeur de ces puiffances, a^1, a^2, a^3, a^4, &c. n'eft pas ambiguë, auffi celle-cy a^o ne fauroit être ambigue. Il eft donc toujours $a^o = +1$, ce qui fuffit pour détruire la feconde objection; & la troifieme n'a aucune force, qu'entant que la feconde fubfifte.

Il paroit donc que le fentiment de M. Leibniz eft mieux fondé, puifqu'il n'eft pas contraire à la découverte de M. Bernoulli, qu'il eft

Mem. de l'Acad. Tom. V. U $lV-1$

図 4.1 『ベルリン王立科学文芸アカデミー紀要』，第 5 巻（1749 年，実際の刊行年は 1751 年），153 頁．下より 1 行目から，次頁（図 4.2）の 1 行目にかけて，"la découverte de M. Bernoulli, qu'il eft $\log\sqrt{-1} = \frac{1}{2}\pi\sqrt{-1}$" という言葉が見える．

❀ 154 ❀

$l\sqrt{-1} = \frac{1}{2}\pi\sqrt{-1}$; puisque M. Leibniz foutient, que le logarithme de -1, & à plus forte raifon celui de $\sqrt{-1}$, eft imaginaire. Mais en adoptant le fentiment de Mr. Leibniz on fe jette dans les difficultés & contradictions fusmentionnées. Car fi $l-1$ étoit imaginaire, fon double c. à d. le logarithme de $(-1)^2 = +1$ le feroit auffi, ce qui ne convient pas avec le premier principe de la doctrine des logarithmes, en vertu duquel on fuppofe $l+1 = 0$.

De quelque coté donc qu'on fe tourne, foit qu'on embraffe le fentiment de M. Bernoulli, ou celui de M. Leibniz, on rencontre toujours de fi grands obftacles à maintenir fon parti, qu'on ne fe fauroit mettre à l'abri des contradictions. Cependant il femble, que fi l'un de ces deux fentimens eft faux, l'autre doit néceffairement être vrai; & qu'il n'y a point de milieu à choifir. Voilà donc une queftion extrêmement importante, qui eft, d'etablir la doctrine des logarithmes, de telle forte qu'elle ne foit plus affujettie à aucune contradiction.

Mais aprés avoir bien pefé les contradictions, qui fe trouvent de part & d'autre, on fera porté à croire, qu'une telle conciliation eft une chofe tout à fait impoffible; & les ennemis des Mathematiques ne manqueront pas d'en tirer des conféquences fort fâcheufes contre la certitude de cette fcience. Car quand les Pyrrhoniens ont attaqué toutes les fciences, on conviendra aifément, qu'il s'en faut beaucoup, que les objections, qu'ils ont apportées contre aucune fcience, approchent feulement, à l'egard de leur folidité, des objections que je viens d'expofer contre la doctrine des logarithmes. Cependant je ferai voir fi clairement, qu'il n'y reftera plus le moindre doute, que cette doctrine eft folidement établie, & que toutes les difficultés fusmentionnées ne tirent leur origine, que d'une feule idée peu jufte: de forte que dès qu'on rectifiera cette idée, toutes ces difficultés & contradictions, quelque fortes qu'elles ayent pu paroitre, s'evanouïront dabord, & alors toute cette doctrine des logarithmes fe foutiendra fi bien, qu'on fera en état de réfoudre aifément toutes les objections, qui ont paru irréfolubles auparavant. Sans ce developement, qui a pourtant
été

図 4.2 『ベルリン王立科学文芸アカデミー紀要』，第 5 巻，154 頁．

174

cord avec toutes les opérations, que la théorie des logarithmes renferme : de sorte qu'on n'y rencontre plus aucune difficulté, & que toutes les contradictions, auxquelles cette doctrine paroissoit assujettie, disparoissent entièrement. Par conséquent la grande controverse, qui partagea autrefois Mrs. Leibniz & Bernoulli, est à present parfaitement décidée, ensorte que ni l'un ni l'autre ne trouveroit plus le moindre sujet de refuser son consentement.

La belle découverte de Mr. Bernoulli, de ramener la quadrature du cercle aux logarithmes imaginaires, se trouve aussi non seulement parfaitement d'accord avec cette théorie, mais elle en est une suite nécessaire, & est portée même par là a une infiniment plus grande étendue : puisque nous voyons, que les logarithmes de tous les nombres, entant qu'ils sont imaginaires, dépendent tous de la quadrature du cercle. Ainsi les logarithmes de $+1$ étant $\pm p\pi \sqrt{-1}$, il sera $\dfrac{l+1}{\sqrt{-1}}$ toujours une quantité réelle, mais qui renferme une infinité de valeurs, à cause de l'infinité des logarithmes de $+1$. Conséquemment à cela, si l'on pose le rapport du diametre à la circonference $= 1 : \pi$, toutes les valeurs de cette expression $\dfrac{l+1}{\sqrt{-1}}$ feront les suivantes :

$0; \pm 2\pi; \pm 4\pi; \pm 6\pi; \pm 8\pi; \pm 10\pi;$ &c.

De même les logarithmes de -1 étant divisés par $\sqrt{-1}$ fourniront les quantités réelles suivantes, qui renferment également la quadrature du cercle. Car les valeurs de

$\dfrac{l-1}{\sqrt{-1}}$ font $\pm \pi; \pm 3\pi; \pm 5\pi; \pm 7\pi; \pm 9\pi;$ &c.

De la même manière on verra, que les valeurs des expressions suivantes feront :

Les

図 4.3 『ベルリン王立科学文芸アカデミー紀要』, 第 5 巻, 174 頁. 8 行目から 9 行目にかけて, "La belle découverte de Mr. Bernoulli, de ramener la quadrature du cercle aux logarithmes imaginaires"（円の面積を虚対数に帰着させるというベルヌーイの美しい発見）という言葉が見える.

> **コラム:「ベルヌーイの美しい等式」を導くには**
>
> 変数変換 $t = \dfrac{-z\sqrt{-1}+b}{z\sqrt{-1}+b}$ により,微分式の変換
>
> $$\frac{a\,dz}{b^2+z^2} = -\frac{a\,dt}{2bt\sqrt{-1}}$$
>
> が行われる(図 4.4).$b=1$ の場合を考えると,変数変換式は $t = \dfrac{-z\sqrt{-1}+1}{z\sqrt{-1}+1}$ という形になり,これによって微分式の変換等式
>
> $$\frac{dz}{1+z^2} = -\frac{dt}{2t\sqrt{-1}}$$
>
> が得られる.
>
> 複素 t 平面上で t が $t=1$ から $t=\sqrt{-1}$ まで半径 1 の 4 分の 1 円に沿って移動するとき,z は複素 z 平面において $z=0$ から $z=-1$ まで移動する.そこで上記の微分等式を積分すると,左辺の積分は
>
> $$\int_0^{-1} \frac{dz}{1+z^2} = -\frac{\pi}{4}$$
>
> となり,右辺では
>
> $$-\int_1^{\sqrt{-1}} \frac{dt}{2t\sqrt{-1}} = -\frac{\log\sqrt{-1}}{2\sqrt{-1}}$$
>
> となる.これより,ベルヌーイの等式
>
> $$\frac{\log\sqrt{-1}}{\sqrt{-1}} = \frac{\pi}{2}$$
>
> が導かれる.

となり,右辺は $\pi\sqrt{-1}$ となりますから,等式 $\log(-1) = \pi\sqrt{-1}$ が手に入ります.これで $\log(-1)$ と $\sqrt{-1}$ の比は π になることがわかりましたが,π は単位円(半径が 1 の円)の面積ですから,オイラーの言葉のとおりです.この等式を見れば $\log(-1)$ は確かに虚量であるほかはありません.

オイラーは負数と虚数の対数の実在を確信し,対数というものが当然受け入れるべき計算規則に従って計算を進めました.ここでは等式 $2\log x = \log x^2$ が使われています.

DU CALCUL INTEGRAL. 399

Mais n ayant ici deux valeurs réelles ; si l'on se sert de la plus grande, l'on aura — $2n+1$ négatif : Et par conséquent les deux premieres de ces quatre différentielles seront imaginaires, & par conséquent aussi constructibles dépendamment de la rectification d'un arc de Cercle : pour les deux dernieres, elles seront réelles & constructibles par le moyen de la Logarithmique. Au contraire, si l'on se sert de la moindre valeur de n, alors les deux premieres de ces mêmes différentielles seront réelles, & les deux autres imaginaires. Ainsi de l'une & de l'autre maniere, la construction de la Trajectrice cherchée des Hyperboles, dépend en partie de la quadrature du Cercle, & en partie de la quadrature de l'Hyperbole, ou de la description de la Logarithmique.

Manieres abregées de transformer les différentielles composées en simples, & reciproquement ; Et même les simples imaginaires en réelles composées.

PROBL. I. Transformer la différentielle $adz:(bb-zz)$ en une différentielle Logarithmique $adt:2bt$, & réciproquement. Faites $z=(t-1)b:(t+1)$, & vous aurez $adx:(bb-zz)=adt:2bt$. Reciproquement prenez $t=(+z+b):(-z+b)$, & vous aurez $adt:2bt=adz:(bb-zz)$.

Corol. On transformera de même la différentielle $adx:(bb+zz)$ en $-adt:2bt\sqrt{-1}$ différentielle de Logarithme imaginaire ; & reciproquement.

PROBL. II. Transformer la différentielle $adz:(bb+zz)$ en différentielle de secteur ou d'arc circulaire $-adt:2\sqrt{(t-bbtt)}$; & reciproquement. Faites $z=\sqrt{(1:t-bb)}$, & vous aurez $adz:(bb+zz)=-adt:2\sqrt{(t-bbtt)}$. Reciproquement prenez $t=1:(zz+bb)$, & vous aurez $-adt:2\sqrt{(t-bbtt)}=adz:(bb+zz)$.

PROBL. III. Transformer la différentielle $adz:(bb-zz)$ en différentielle de secteur hyperbolique $adt:2\sqrt{(t+bbtt)}$; & reciproquement.

Faites

図 4.4 『ヨハン・ベルヌーイ全集』, 第 1 巻 (全 4 巻, 1742 年), 399 頁. 下より 12 行目から 11 行目にかけて, 問題 I の派生的命題として, "On transformera de même la différentielle $adx:(bb+zz)$ en $-adt:2bt\sqrt{-1}$ différentielle de Logarithme imaginaire" (同様に微分 $adx:(bb+zz)$ は虚対数の微分 $-adt:2bt\sqrt{-1}$ に変換される) と記されている.

ベルヌーイの等式 $\dfrac{\log\sqrt{-1}}{\sqrt{-1}} = \dfrac{\pi}{2}$, すなわち $\log\sqrt{-1} = \dfrac{\pi}{2}\sqrt{-1}$ から出発して指数に移行すると, 等式

$$e^{\frac{\pi}{2}\sqrt{-1}} = \sqrt{-1}$$

が得られます. また, 先ほどの等式 $\log(-1) = \pi\sqrt{-1}$ から指数に移ると, 等式

$$e^{\pi\sqrt{-1}} = -1$$

が与えられます. どちらも**オイラーの公式**として知られる等式

$$e^{x\sqrt{-1}} = \cos x + \sqrt{-1}\sin x$$

の特別の場合です. オイラーの公式は平明で正しい公式であり, 神秘感はありません. いかにも不思議なのはベルヌーイの等式のほうで, 正しそうにも見えますし, どこかにまちがいがひそんでいるようにも見えます. オイラーはこの等式を美しいと讃えましたが, それでもなお判断に迷いがありました.

対数のパラドックスのいろいろ

『無限解析序説』の時点では, 負数の対数は虚量であるというのがオイラーの判断でした. ところがこれを承認すると, そこからさまざまなパラドックスに導かれます. しばらくオイラーの言葉に追随してみます. n は正の数とすると, 負数 $-n$ の対数 $\log(-n)$ は虚量ですが,

$$2\log(-n) = \log(-n)^2 = \log n^2 = 2\log n$$

と計算が進み, 実量 $\log n$ と虚量 $\log(-n)$ はどちらも実量 $\log n^2$ の $\dfrac{1}{2}$ であることになります. この状況は明らかに矛盾しています.

オイラーはこのような理解しがたい状況をほかにもいろいろ挙げています. a は任意の実量とするとき, 「2倍すると a になる数」は二つ存在します. ひとつは $\dfrac{a}{2}$ で, これは実量です. もうひとつは虚量 $\dfrac{a}{2} + \log(-1)$ です. なぜなら, これを2倍すると, $\log 1 = 0$ により,

$$2\times\left(\dfrac{a}{2} + \log(-1)\right) = a + 2\log(-1) = a + \log(-1)^2 = a + \log 1 = a$$

となるからです．ところが，この結果，1次方程式 $2x = a$ は2個の根をもつことになってしまいます．また，この計算の途中で遭遇した等式 $2\log(-1) = 0$ を書き直すと，$\log(-1) + \log(-1) = 0$，すなわち $+\log(-1) = -\log(-1)$ となります．不可解な等式ですが，等式 $-1 = \dfrac{+1}{-1}$ の両辺の対数を取っても同じ等式が生じます．実際，

$$\log(-1) = \log(+1) - \log(-1) = -\log(-1)$$

となります．いずれにしても，ここから帰結するのは $\log(-1) = 0$ という事実ですが，これはヨハン・ベルヌーイの等式とは相容れません．

同様に考えていくと，任意の実量 a に対し，「3倍すると a になる数」は3個存在することがわかります．実際，「3乗すると1になる数」は1のほかに $\dfrac{-1+\sqrt{-3}}{2}$ と $\dfrac{-1-\sqrt{-3}}{2}$ があり，全部で3個です．そうして $\log 1 = 0$ により，

$$3 \log \frac{-1 \pm \sqrt{-3}}{2} = \log 1 = 0$$

となりますから，a の3分の1に等しい3個の数，

$$\frac{a}{3}, \quad \frac{a}{3} + \log \frac{-1+\sqrt{-3}}{2}, \quad \frac{a}{3} + \log \frac{-1-\sqrt{-3}}{2}$$

が見つかりました．虚数 $\dfrac{-1\pm\sqrt{-3}}{2}$ の対数がここに現れています．こうして1次方程式 $3x = a$ は3個の根をもつことになりました．それらのうち，実量は $\dfrac{a}{3}$ だけで，あとの二つは虚量です．

このような推論でしたら，ここから先もどこまでも継続し，任意の実量 a に対し，「4倍すると a になる数」は4個存在することがわかります．それらのうち実量はひとつだけで，他の3個は虚量です．一般に，自然数 n と実量 a に対し，1次方程式 $nx = a$ は n 個の根をもつという，($n = 1$ の場合を除いて) ありえない状況に取り囲まれてしまいます．

このような状勢を紹介した後に，オイラーは

> このパラドックスを通常の量の観念をもって解消するにはどのようにしたらよいのであろうか．

と自問して,「この点は明瞭ではない」とみずから応じました．これが『無限解析序説』の時点でのオイラーの思索の姿です．負数や虚数の対数に実在感を抱きながらも，その正体を探り当てかねて苦心に苦心を重ねている様子がありありと伝わってきます．

対数のパラドックスのいろいろ（続）

ベルヌーイの等式の教えるところによれば $\log(-1) = 0$ ではありえないはずであるにもかかわらず，対数というものの通常の計算規則をあてはめて計算を進めていくだけでたちまち $\log(-1) = 0$ という結果に到達します．これひとつでも脱出しがたい困惑に陥ってしまいますが，さらに，実量 a の $\frac{1}{2}$ の量が2個，$\frac{1}{3}$ の量が3個，一般に $\frac{1}{n}$ $(n > 1)$ の量が n 個存在するなどという現象にも出会います．これらに加えてオイラーはなおもうひとつ，「対数の無限多価性」を指摘して，

> どの数にも無限に多くの対数が存在し，しかもそれらのうち実量であるものはひとつより多くは存在しない．

と言っています．実数であっても複素数であっても，任意の数 a に対して，$\log a$ という記号で表記される数は1個ではなく，それどころかこの記号には無数の数が内包されているというのがオイラーの主張です．オイラーは数 a の対数の名に値する数 $\log a$ は1個しかないと当然のように考えているのですから，このような現象を観察してしまったことにより，想像を越える衝撃を受けたにちがいありません．

オイラーとともに対数の無限多価性の一例を挙げてみたいと思います．1の対数は0ですが，それ以外にも1の虚の対数は無数に存在します．たとえば，

$$2\log(-1), \quad 3\log\frac{-1 \pm \sqrt{-3}}{2}, \quad 4\log(-1), \quad 4\log(\pm\sqrt{-1})$$

などはみな1の虚の対数です．$2\log(-1)$ が1の対数なのはなぜかというと，-1 が1の平方根で，$(-1)^2 = 1$ となるからです．$3\log\frac{-1 \pm \sqrt{-3}}{2}$ が1の対数なのはなぜかというと，$\frac{-1 \pm \sqrt{-3}}{2}$ が1の3乗根で，$\left(\frac{-1 \pm \sqrt{-3}}{2}\right)^3 = 1$

となるからです．$4\log(-1)$ と $4\log(\pm\sqrt{-1})$ が 1 の対数なのは，-1 と $\pm\sqrt{-1}$ が 1 の 4 乗根で，$(-1)^4 = 1, (\pm\sqrt{-1})^4 = 1$ となるからです．同様にして，1 の任意次数の冪根を取ることにより，ほかにも 1 の対数を無数に作ることができます．

『無限解析序説』のころのオイラーは実量 a の対数の無限多価性をありえないことと思い，矛盾と考えていたようですが，この矛盾は前述のパラドックスに比べると「はるかにもっともらしい感じがある」とも言っています．実際，$x = \log a$ と置くと，等式 $a = e^x$ が成立します．というよりも，この等式を満たすような x のことを a の対数と呼んでいるのですが，右辺を無限級数に展開すると

$$a = 1 + x + \frac{x^2}{2} + \frac{x^3}{6} + \frac{x^4}{24} + \cdots$$

となります．これを x に関する方程式と見ると，その次数はいわば無限大です．そこでオイラーは，「x が無限に多くの根をもっても驚くほどのことはないのである」と言うのです．

オイラーのもうひとつの論文「負数と虚数の対数に関するライプニッツとベルヌーイの論争」では，対数の無限多価性は数学的発見として描かれています．対数が無数の値を受け入れるという事実認識は変りませんが，オイラーの所見は逆転して正反対になり，無限多価性をパラドックスと見るのではなく，かえって対数というものの本性を発見したという判断に傾きました．「驚くほどのことはない」という心情から，これを数学的発見と思い当る心情にいたるまで，パラドックスと発見を隔てる距離はわずかに一歩です．この一歩の距離は手の届かないほどに遠いようでもあり，案外近いようでもあります．数学的発見というものの本性は必ずしも数学的事実そのものに宿っているわけではなく，その事実を見る人の心の働きにより，同一の事実があるいはパラドックスになり，またあるいは発見になったりします．稀有の事例ではありますが，数学における発見ということの神秘の一端がここにはっきりと現れています．

超越関数 $y = (-1)^x$

オイラーの著作『無限解析序説』の第 1 巻の第 1 章は「関数に関する一般的な事柄」と題されていて，解析的表示式という関数概念が語られています．

変化量と定量を用いて何らかの仕方で組み立てられた表示式を指して関数と呼ぼうと提案されたのですが，組み立てる仕方に制限が課せられているわけではなく，ただ「何らかの仕方で」と指示されているばかりです．オイラーの念頭には代数関数のイメージがあったのであろうと思われますが，代数関数をこえて関数の一般概念を把握しようというのであれば，さまざまな表示式が考えられるところです．実際，オイラーはいろいろな事例を持ち出していますが，そのひとつは $y = (-1)^x$ というものです．いかにもかんたんな形の式ですし，解析的表示式をもって関数と見ようとする構えを標榜する以上，これを関数の仲間に入れないわけにはいかないところです．ところが，この関数の挙動は実に不審です．

この関数のグラフを描こうとして x のところにいろいろな値を代入してみると，x が整数の場合，偶数なら $y = 1$，奇数なら $y = -1$ となり，容易に関数値が確定します．x が分数値の場合にはどうなるでしょうか．x に割り当てる分数値を既約分数の形に表示して $x = \pm\dfrac{q}{p}$ (p, q は正の整数) と置くとき，分子 q が偶数なら分母 p は必然的に奇数であり，$y = \sqrt[p]{1}$ または $y = \dfrac{1}{\sqrt[p]{1}}$ となります．$\sqrt[p]{1}$ は 1 の p 乗根，すなわち「p 乗すると 1 になる数」を表していますが，関数値を複素数域において探索する限り，そのような数値は p 個存在します．それでたちまち困惑してしまうのですが，p は奇数ですから，それらの p 個の値の中にただひとつの実数値 1 が見つかります．

分子 q と分母 p がともに奇数の場合には，$y = \sqrt[p]{-1}$ または $y = \dfrac{1}{\sqrt[p]{-1}}$ となりますが，-1 の p 乗根 $\sqrt[p]{-1}$ はやはり p 個存在し，それらの中にひとつだけ実数値 -1 が混じっています．分子 q が奇数で分母 p が偶数の場合にも $y = \sqrt[p]{-1}$ または $y = \dfrac{1}{\sqrt[p]{-1}}$ となりますが，今度は -1 の p 乗根 $\sqrt[p]{-1}$ の取りうる p 個の値の中に実数値はありません．

x が非有理数の場合には情勢はさらに複雑になります．たとえば，$x = \sqrt{2}$ の場合，冪 $(-1)^{\sqrt{2}}$ はどのような数を表すのでしょうか．少なくとも実数ではありえないことは明白です．一般に，非有理数の x に対応する関数値 y は虚数になり，しかもそのような値は無数に存在します．

このような状勢を見ると，関数値を探索する数域を実数域に限定するのであれば，関数 $y = (-1)^x$ は値 1 または -1 を取りますが，対応する関数値が

存在しないような x もあります．数域を拡大して複素数域において関数値を求めることにすると，この関数は 1 価関数ではなく，一般に無限多価関数になります．

もう少し一般的に考えることにして，a は正数として表示式 $y = (-a)^x$ で与えられる関数を考えても同様の現象に出会います．オイラーはこれを「変則的な事態」と見て，「超越曲線にのみ起こりうるパラドックス」と言っているのですが，この関数の本性は実は

$$y = e^{x \log(-a)}$$

と表示すると明らかになります．右辺の冪の冪指数の位置に負数 $-a$ の対数 $\log(-a)$ が出現します．これが関数 $y = (-a)^x$ の本当の姿であり，オイラーの目に映じたパラドックスは負数の対数に起因して生じることがよくわかります．

複素解析の誕生：1745 年

オイラーは『無限解析序説』において負数と虚数の対数に寄せてさまざまなパラドックスを語りましたが，対数の無限多価性をはっきりと認識し，しかもそれをパラドックスと考えていたという事実は瞠目に値します．負数や虚数の対数に実在感を抱き，正体を突きとめようとして思索を重ねていたオイラーの目には，対数の無限多価性はいかにも異様に映じたことと推察されますが，この自然な迷いを覆す力のある出来事がありました．それは

> 『ライプニッツとヨハン・ベルヌーイの哲学および数学書簡集（*Virorum celeberr. Got. Gul. Leibnitii et Johan Bernoullii Commercium philosophicum et mathematicum*）』（全 2 巻．1745 年）

の刊行という一事です．

『無限解析序説』が刊行されたのは 1748 年ですが，実際には 1745 年の時点ですでに書き上げられていた模様です．ところがライプニッツとヨハンの書簡集が刊行されたのも同じ 1745 年です．オイラーの論文「負数と虚数の対数に関するライプニッツとベルヌーイの論争」がベルリンの科学文芸アカデミーに提出されたのは，ヤコビの調査によれば 1745 年 9 月 7 日ということです．このような経緯を回想すると，オイラーの心に生起したあれこれが

VIRORUM CELEBERR.
GOT. GUL. LEIBNITII
ET
JOHAN. BERNOULLII
COMMERCIUM
PHILOSOPHICUM
ET
MATHEMATICUM.

TOMUS PRIMUS,
Ab Anno 1694 ad Annum 1699.

LAUSANNÆ & GENEVÆ,
Sumpt. MARCI-MICHAELIS BOUSQUET & Socior.
MDCCXLV.

図 4.5 『ライプニッツとヨハン・ベルヌーイの哲学および数学書簡集』扉.

透けて見えるような思いがします.

　負数と虚数の対数に寄せて実在感を抱いていたところはライプニッツもヨハン・ベルヌーイも同じですが，正体は何かという点をめぐって意見の対立があり，手紙を取り交わす中で論争が続き，互いに他の主張に反駁するとともに自説を補強する論証が次々と持ち出され，決着のつかないまま終焉しました．書簡集の刊行を俟って，この論争の成り行きを目の当たりにしたオイラーはたちまち真相を洞察して従来の考えを転換することができました．「負数と虚数の対数に関するライプニッツとベルヌーイの論争」では，対数の無限多価性にこそ，対数の正体が現れていることが詳述されています．ライプニッツとヨハン・ベルヌーイの往復書簡集を目にするまではパラドックスとしか見えなかった現象が，実は対数の本性を物語る重大な事実であることに気づいたのでした．

　次に引くのは「負数と虚数の対数に関するライプニッツとベルヌーイの論争」の書き出しの部分です．

　　対数の理論はきわめて堅固に確立され，そこに包摂されているさまざまな真理は，幾何学の種々の真理と同じくらい厳密に証明されているように見える．だが，それにもかかわらず，**数学者たち**（註．複数形になっていますが，具体的にはライプニッツとヨハン・ベルヌーイを指していると見てよいと思います）**は負数と虚数の対数の本性をめぐってなお大きく見解が分れている**．そうしてこの論争がそれほど激越なものには見えないとすれば，その理由はおそらく，あらゆる人々の眼前に，負数と虚数の対数に寄せる数学者たちの考えを拘束するさまざまな困難，それに矛盾さえもが繰り広げられる様子を目の当たりにして，数学の純粋な諸分野において提出されるすべての事柄の確実さを疑わしく思う心情に傾くのが望まれなかったという点に求められると思う．というのは，数学者たちの考えは応用数学に関連する諸問題については大いに異なることがありうる．応用数学の場では，いろいろなテーマを考察し，それらのテーマを精密な諸概念へと帰着させていく際に採用される道筋の多彩さのため，現実的な論争が引き起こされることがある．ところが**数学の純粋な諸分野はこんな論争の的から完全に免れていて**，そこには

真実と虚偽のいずれかを証明することのできない事柄は何もないことを，常々誇りにしていたのである．

オイラーは負数と虚数の対数の本性をめぐって「真実と虚偽のいずれかを証明することのできない事柄は何もない」と，真実を見たという確信にあふれる言葉を書き留めました．真実というのは対数の無限多価性のことです．オイラーの言うとおりであろうと思いますが，そのオイラーにしてもライプニッツとヨハン・ベルヌーイの論争を知るまでは真実を受け入れることができずに困惑していたのでした．

対数の無限多価性が数学的事実として自覚的に認識された1745年こそ，真に複素変数関数論のはじまりとみなされるのに相応しい年でした．

複素変数の立場から実変数を統制する

『解析概論』の第5章「解析函数，とくに初等函数」に移ると関数の変数の変域が実数から複素数へと移行して，複素変数の関数の微積分が繰り広げられます．関数の取る値もまた一般に複素数が考えられています．変数の個数は一個ですので，「一個の複素変数の関数の微積分」ですが，これを縮小して，「一複素変数関数論」，「複素関数論」，あるいはまた単に「関数論」と略称されますが，「複素解析」という呼称を見かけることもあります．この理論の基礎の建設に寄与した数学者としてコーシー，ヴァイエルシュトラス，リーマンの3人が挙げられますが，リーマンの学位論文の表題は「一個の複素変化量の関数の一般理論の基礎」というもので，その内容はおおむね『解析概論』の第5章と同じです．

第5章には『解析概論』の特徴がもっともよく現れています．章の冒頭に少し小さな字で概説が記されていますので，まずそれを一瞥してみたいと思います．

> 変数を複素数にまで拡張することは，19世紀以後の解析学の特色で，それによって古来専ら取扱われていたいわゆる初等函数の本性が初めて明らかになって，微分積分法に魂が入ったのである．複素数なしでは，初等函数でも統制されない．解析函数とはヴァイエルシュトラスの命名であるが，それは複素変数の函数が解析学における中心的の位置を占有することを宣言したのであろう．

1 「関数」の定義を求めて　163

　ヴァイエルシュトラスが命名した「解析関数」という呼称それ自体に特別の意味があると言われていますが，そのとおりと思います．もっとも「解析関数」という言葉だけでしたら，ヴァイエルシュトラス以前にもラグランジュの著作『解析関数の理論』（1797 年）の書名に使用例があります．ヴァイエルシュトラスがラグランジュの著作を知っていたのはまちがいありませんが，もしかしたらラグランジュにも「解析学の中心的位置を占有する」特殊な関数概念を提案しようとする意図があったのかもしれません．
　高木先生の言葉を続けます．

> 　解析函数の理論を，かつては函数論とも略称したが，それの一般的の部分が，現代的の初等函数において，欠くべからざる最も重要なる部分であることは現今，数学的常識である．

> 　今本書の一章として解析函数について述べるのは，いわゆる'函数論'からの任意の切り抜きではなくて，初等函数の統制に必要と認められる一般的原則だけを迅速に通観することを目標とするのである．

　「初等函数の統制に必要と認められる一般的原則」を語ろうとするところに『解析概論』における関数論のねらいがあると高木先生は言っています．初等関数というと，多項式や有理式のような代数的な関数（代数的演算を適用して組み立てられる式）のほかに，三角関数，指数関数，対数関数のような超越関数が念頭に浮かびます．これらの超越関数は実変数の関数として導入されて微積分の対象になりますが，複素変数の関数と見るときにはじめて真の性質が明らかになる，と高木先生は言いたいのであろうと思います．
　高木先生の言葉が続きます．

> 　解析学の創業時代に，18 世紀にはオイラー，19 世紀にはコーシーの権威の下に構成されたいわゆる'代数解析'なるものは，微分積分が常識になってしまった今日においては，原形のままでは存在理由を有しないであろう．現代において，それに代って解析入門の役をするものは，一般的の解析函数論でなければなるまい．

　高木先生はこのように解析関数論の意義を語り，最後に「本章では，むし

ろ複素変数の立場から，実変数を統制することを目標とする」と宣言しました．これが『解析概論』における複素変数関数論のねらいです．

正則な解析関数

複素数値を取る複素変数関数を考える場合，まず第一に問題になるのは関数の定義です．複素数 $z = x + yi$ に対して一個の複素数 $w = u + vi$ を対応させる法則が定められたとき，w を z の関数ということにするという定義が考えられますが，これは実変数関数の場合のディリクレ式の定義です．このようにすると w の実部 u と虚部 v は二つの実変数 x, y の関数であることになりますが，これでは「特に複素数を用いるには及ばない」と高木先生も言っています．そこでどうするかというと，「我々は，函数の連続性はもちろんであるが，なおそれの微分可能性を要求する」というのが『解析概論』の立場です．

複素変数関数の場合にも微分可能性の意味は形式上は実変数関数の場合と同じで，複素変数 z の関数 $f(z)$ が z において微分可能というのは，極限値

$$\lim_{h \to 0} \frac{f(z+h) - f(z)}{h}$$

が確定することを意味します．

形の上では実変数関数の場合と変わるところはありませんが，「h が限りなく小さくなる」というときの「小さくなるなり方」，言い換えると，複素平面上で h が原点に近づいていく仕方に特色があります．「どのように近づいてもよい」という要請が非常に強力で，そのために二つの実変数関数 u と v に「コーシー＝リーマンの方程式を満たす」という制約が課されます．それは，

$$\frac{\partial u}{\partial x} = \frac{\partial v}{\partial y}, \quad \frac{\partial u}{\partial y} = -\frac{\partial v}{\partial x}$$

という二つの偏微分方程式で，これを微分可能性の定義にすることもできます．

このあたりは書かれているとおりに読み進めていけばいいのですから特にむずかしいことはありませんが，少々気にかかるのは微分可能な関数につけられる名前です．『解析概論』には，複素平面上の領域 K の各点において微分可能な関数を，K において「正則な解析関数」と呼ぶというと書かれてい

1 「関数」の定義を求めて　165

ます．略称して，単に正則というとも言われています．「正則」と「解析的」という二つの形容詞が重なっているところがどことなく奇妙です．

この用語に続いて小さな字で註記があり，形容詞「解析 (analytic)」はむしろ全局的の意味において用いられるということですが，この説明はかえって謎めいています．全局的と対をなすのは局所的ですが，局所的には簡便に「正則 (regular)」というとのことで，謎めいた印象は深まるばかりです．analytic も regular も英語ですが，フランス系では整型 (holomorphe) ともいうと註記が続きます．複素関数論のテキストでよく見かけるのは「正則関数」という言葉で，その場合の「正則」は holomorphe の訳語です．フランス語の fonction holomorphe に正則関数という訳語をあてているのですが，これを「整型関数」と訳出したテキスト（フランス語のテキストの翻訳書）を見たこともあります．「解析関数」という言葉もごく普通に使われていますが，「正則」と「解析的」を重ねて「正則な解析関数」とするのは珍しいのではないかと思います．

複素変数関数の「コーシーの和」

「正則な解析関数」というのは微分可能な関数のことと定められましたが，局所的に簡便に用いられる「正則」と大域的な意味合いをおびているという「解析的」の二つの言葉が同居しているのはいかにも不思議で，背景には何かしら特異な光景が広がっているのではないかという予感さえ感知される場面です．『解析概論』でもときには正則関数といい，またときには解析関数というようで，言葉の使い方が一定していません．それに，「正則な解析関数」というのであれば「正則ではない解析関数」も存在しそうな感じもあります．

複素変数関数論の流れからすると，ともあれ微分可能性を基礎として正則な関数の概念が定まりましたので，『解析概論』の叙述は続いてそのような関数の積分の話題に移っていきます．実変数関数の定積分の場合と同様の道筋を歩むのですが，今度は複素平面上に 2 点 z_0 と z を結ぶ曲線 C を描き，「関数 $f(z)$ の曲線 C に沿う積分」を考えることになります．線積分と呼ばれるアイデアですが，このアイデアを実際の計算に乗せて行くには積分というものをどのように考えればよいのでしょうか．出発点に立つや否や，たちまち大きな困難に直面し，行く手をさえぎられてしまいます．

実変数の実数値関数の積分なら面積のイメージがありますが，複素変数の

複素数値関数の場合には面積のイメージはもうありません．そこでコーシーはどうしたのかというと，「コーシーの和」を作るというアイデアを持ち出しました．考え方は実数値をとる実変数関数の場合と同じで，曲線を区分けし，各々の小区域から任意の点を取って「コーシーの和」を作り，曲線の区分けの仕方を限りなく細かくしていくときの極限が存在するかどうかを論じます．存在する場合には積分可能といい，その極限値を「曲線 C に関する $f(z)$ の積分」と呼び，

$$I = \int_C f(z)\,dz$$

という記号で表します．

この積分の定義はコーシーの 1825 年の論文

「虚数限界間の定積分の論 (Mémoire sur les intégrales définies prises entre des limites imaginaires)」

(このタイトルは高木先生の著作『近世数学史談』から採りました) に出ていますが，実関数の定積分のほうは 1823 年の著作『無限小計算講義要論』に書かれていて，ほとんど同時期です．思うにコーシーは複素変数関数にも実変数関数にも等しく適用可能な定積分の定義を考えていて，それが「コーシーの和」というアイデアに結実したのでしょう．

複素変数関数の定積分に関するもうひとつの問題は曲線 C に関することで，あまり任意性の高い曲線を考えると計算にのらなくなってしまいます．適当な限定条件を課さなければならないのですが，『解析概論』では「滑らかな曲線」または滑らかな曲線をいくつかつないでできる曲線が取り上げられています．曲線が滑らかというのは，その曲線を定めるのに用いられる関数が微分可能で，しかも導関数もまた連続であるということです．関数 $f(z)$ のほうは必ずしも正則ではなくとも連続であれば十分で，実変数関数の場合と同様に，「滑らかな曲線に関する連続関数の積分」が存在することが示されます．ここまでが『解析概論』第 5 章，第 56 節「積分」の内容です．

特にむずかしい論証が見られるわけではありませんが，どうもよくわからないという印象に誘われるのは積分の定義のところではないかと思います．「コーシーの和」を積分の基礎にするというアイデアの由来を諒解するのがむずかしいのですが，まさしくそこにコーシーの創意が表れているのでした．

MÉMOIRE

SUR

LES INTÉGRALES DÉFINIES,

PRISES ENTRE DES LIMITES IMAGINAIRES;

PAR M. AUGUSTIN-LOUIS CAUCHY,

Ingénieur en chef des Ponts et Chaussées, Professeur à l'École royale Polytechnique, Professeur adjoint à la Faculté des Sciences, Membre de l'Académie des Sciences, Chevalier de la Légion d'Honneur.

A PARIS,

CHEZ DE BURE FRÈRES, LIBRAIRES DU ROI ET DE LA BIBLIOTHÈQUE DU ROI,
Rue Serpente, n° 7.

Août 1825.

図 4.6 「虚数限界間の定積分の論」扉.

解析関数の正則性とは

　第57節「コーシーの積分定理」は章題のとおりコーシーの名を冠する「積分定理」から始まります．『解析概論』の第51番目の定理で，「解析学において最も重要な定理の一つ」と明記されていますが，そのとおりと思います．

　ひとまずそのまま書き写してみます．

>　解析函数 $f(z)$ は領域 K において正則で，単純な閉曲線 C も，その内部も，すべて K に属するとする．然らば
>$$\int_C f(z)\,dz = 0.$$
>（『解析概論』，223頁）

　曲線 C が単純とは重複点をもたないという意味で，そのような曲線のことを『解析概論』ではジョルダン曲線と呼んでいます（34頁）．上記の定理では閉曲線が考えられていますから，C はジョルダン閉曲線ということになります．また，『解析概論』では単に曲線といえばいつでも滑らかな曲線および滑らかな曲線をいくつかつないだものを意味することに決められています．これで状況はだいぶ簡易化されました．

　定理51の仮定のうち，肝心なのは閉曲線 C はそれ自身はもとよりその内部もまた完全に K 内に含まれているという一事です．これを言い換えると，曲線の周上と内部のどの点においても関数 $f(z)$ は正則であるということで，同じことをさらに言い換えると，$f(z)$ は C の周上にも内部にも特異点をもたないことが要請されています．関数の特異点とは何かというと，ひとまず「その関数がそこで正則ではない点」と理解しておけばよいのですが，実は考えるほどにわからなくなってくるのが特異点というものです．

　定理51の論証の鍵をにぎるのは曲線 C と関数 $f(z)$ の性質ですが，曲線に課されている相当に強い条件と，関数に課されている微分可能性という条件を組み合わせて論証を進めていくと，特にむずかしいこともなくさらさらと進行します．ただし，曲線の滑らかさや関数の微分可能性が不等式の言葉で語られているところが要点といえば要点です．積分 $\int_C f(z)\,dz$ が0でしかありえないことを示すにはどうすればよいかというと，どのような正の数 ε に対しても不等式 $\left|\int_C f(z)\,dz\right| \leqq \varepsilon$ が成立することを確認すればよく，定理の仮定が不等式で表されているのですから，式変形を工夫すれば目的は必ず達

成されます．不等式を駆使すると，証明はいかにも厳密になったという感じがかもされます．

　コーシーの積分定理の重要なことは言うまでもないことで，複素関数論のさまざまな命題はみなこの定理から導き出されます．それらの論証にむずかしいところは見られませんが，よくわからないという気持ちに誘われるのは実は定理 51 の文言それ自体に原因があります．この定理では「解析関数 $f(z)$ は領域 K において正則」とされているのですが，何でもないように見えて実はどうもよくわからないのはここのところです．というのは，これまでに出会ったのは「正則な解析関数」という単一の概念のみであったにもかかわらず，ここでは「解析関数」と「正則関数」が切り離されているからです．

　まるで解析関数という概念があって，その解析関数が正則であったりなかったりするかのような印象があるのですが，解析関数という単一の概念はまだどこにも書かれていません．このようなところに不思議なむずかしさが感じられます．

正則関数と解析関数

　関数の正則性と解析性は実は別個の概念で，出自が異なるのですが，論理的な目で見ると同等です．このあたりの消息をもう少し立ち入って考えていきたいのですが，『解析概論』の記述に沿ってコーシーの積分定理の先を読むと，第 58 節「コーシーの積分公式　解析函数のテイラー展開」の二つの定理により諸事情が明らかになります．

　節題に見られる**コーシーの積分公式**は定理 53 で語られます．

> 閉曲線 C の内部および周上で $f(z)$ が正則で，a が C の内部の任意の点ならば
> $$f(a) = \frac{1}{2\pi i} \int_C \frac{f(z)}{z-a}\, dz. \quad \text{(同上，228 頁)}$$

右辺の積分は曲線 C の周に沿って行われますから，C の内部における $f(z)$ の値は C の周上における $f(z)$ の値によって決定されるという不思議な状況が現れることになり，そこにこの公式の眼目があります．

　関数 $f(z)$ は領域 K において正則とし，点 a を中心として a にもっとも近い K の境界点を通る円 K_0 を描き，その半径を r_0 とします．K_0 内の任意の

点 ζ に対し,ζ と a の距離を $|\zeta - a| = \rho$ として,$\rho < r < r_0$ となる r を取り,a を中心として半径 r の円 c を描きます.するとコーシーの積分公式により

$$f(\zeta) = \frac{1}{2\pi i} \int_c \frac{f(z)}{z - \zeta} dz$$

と表示されます.右辺の積分記号下の分数式 $\dfrac{1}{z-\zeta}$ において,z は円 c の上にあるとして,この分数式を $\zeta - a$ に関して冪級数に展開し,その後に $f(z)$ を乗じて項別に積分すると,

$$f(\zeta) = \sum_{n=0}^{\infty} A_n (\zeta - a)^n$$

という形の表示式が得られます.ところが,これは関数 $f(\zeta)$ の a を中心とするテイラー展開にほかなりません.

途中の計算は式変形を繰り返すだけですからむずかしいところはありません.冪級数を項別に積分してもよいのだろうかという疑問はありえますが,これについては『解析概論』の第 4 章,第 47 節「無限級数の微分積分」と第 52 節「巾級数」に詳述されています.

「巾」は冪の略字で,和算に使用例があります.和算家の先例にならってこの略字を使用することにしたと,『解析概論』の第 1 版「緒言」に記されています.

こうしてコーシーの積分公式からテイラー展開が導かれますが,テイラー展開というのは冪級数ですから,同一の収束円内で何回でも自由に微分することができます.そこで,これは『解析概論』には表立って書かれていることではないのですが,関数 $f(z)$ が領域 K の各点においてテイラー展開を受け入れるとき,$f(z)$ は K において解析的ということにしてみると,「解析的な関数は正則である」という言明が許されます.「正則関数は解析的である」ことはコーシーの積分公式により明らかになっていますので,この意味において関数の「正則性」と「解析性」は論理的に見て同等です.

それゆえ,コーシーやリーマンがそうしたように微分可能性により正則関数を定義するのとは別に,テイラー展開の可能性をもって解析関数の定義として,それを複素変数関数論の出発点とするという流儀もありえます.この道を採用したのがヴァイエルシュトラスでした.

2　初等超越関数の解析性

指数関数と三角関数

正則関数は定義域の各点においてテイラー級数に展開可能というところまで話が進みましたが，冪級数で表される関数は何回でも微分可能であることは第4章で明らかにされていますので，複素平面の領域 K における関数 $f(z)$ が正則，すなわち1回微分可能なら，各階の微分が可能であることがわかります．実関数の場合には思いもよらない出来事ですが，『解析概論』ではこの事実をグルサに帰して，1900年という年も書き添えられています．

次に引くのは高木先生の言葉です．

> 実変数の函数においては，微分がとかくめんどうで，積分は一般にかんたんであった．これは標語的だけれども，我々がしばしば経験したところである．例えば連続性は導函数に遺伝しないが，積分函数は自然に連続性を獲得する．それが一般的実函数の世界である．解析函数の世界では，正則性は微分しても積分しても動揺しない．そこに解析函数の実用性がある．18世紀には，その根拠を認識しないで，解析函数を実数の断面において考察していたのであった．
> （『解析概論』，232頁）

ここで，「実数の断面において考察」された解析関数というのは，多項式のほかに，具体的には三角関数，指数函数，それに対数関数を指していると思います．これらの関数は連続であることはもとより微分可能でもありますが，その微分可能性は「微分しても積分しても動揺」しませんから使い勝手がよく，高木先生の言うように実用性があります．その実用性の根拠は解析関数の解析性に求められると指摘したのが，ここに引いた高木先生の言葉です．

『解析概論』では三角関数や指数関数，対数関数はすでに知られているものとされているかのようで，定義が与えられることもないままに微分や積分の計算の場で取り上げられました．ところが第4章，第53節にいたって「指数函数および三角函数」という節題が附され，指数函数と三角関数の導入が行われます．『解析概論』も半ばに達しようとするあたりのことですので，なぜ今になってという素朴な疑問に襲われるのですが，高木先生には独自の考えがあってそうしているのですし，まさしくそこのところに『解析概論』の

172 　第 4 章　「玲瓏なる境地」をめざして

際立った特徴が現れています．

　第 53 節の書き出しのところで，「初等数学では，指数函数 a^x は任意指数 x に関する巾として定義せられ，その逆函数として対数 $\log_a x$ が導かれる」と高木先生は指摘しています．これはそのとおりと思います．特に自然対数の底 e は極限値

$$\lim_{n\to\infty}\left(1+\frac{1}{n}\right)^n$$

として定義されました．この極限値については『解析概論』の第 1 章でも語られました．高木先生は指数関数の歴史的発生を述べたのですが，「その理論はかなり複雑といわねばならない」というのが高木先生の所見です．

　『解析概論』の第 1 版「緒言」にもこれに関連することが書かれています．高木先生は『解析概論』に取り入れるべき材料の取捨というのはひとつの困難な問題であると叙述上の課題を提示し，「その上に伝統の顧慮がある」として，指数関数と三角関数に例を求めて考えるところを語りました．

> 一例として指数函数，三角函数を取ってみる．彼等は初等解析において王位を占めるものであるが，その古典的導入法は，全く歴史的，従って偶発的で，すこぶる非論理的と言わねばなるまい．（『解析概論』，x 頁）

高木先生は伝統を離れて指数関数と三角関数を導入しようとしています．『解析概論』の特色はこのあたりにもっともよく現れています．

有理式の積分関数の逆関数 (1)：指数関数

　実変数の指数関数の話から始めます．高木先生は「今もし伝統を離れて，ひとまず有理式のみを既知の函数と考えて，その積分函数として生ずる新函数を考察するならば，自然に対数函数が得られ，その逆函数として指数函数が得られるであろう」と，対数関数を導入するための基本方針を述べました．対数関数を先にして指数関数を後にするという考えですが，有理式の積分といっても $\dfrac{1}{x}$ の積分関数

$$y=\int_1^x \frac{dx}{x}$$

を考えるというだけのことですからこれ以上はないほどかんたんで，高木先生自身「すこぶる簡単である」と言っているくらいです．この積分を見ればすぐにわかるように，y は x の連続関数で，定義域は $0 < x < \infty$ です．y はすべての実数値を取りながら単調に増大しますから，逆関数

$$x = f(y) \quad (-\infty < y < \infty)$$

が確定し，しかも何回でも微分可能です．各階数の導関数の計算も非常にかんたんで，この逆関数の冪級数展開がたちまち得られます．

積分関数 $y = \int_1^x \dfrac{dx}{x}$ を微分すると，等式

$$\frac{dy}{dx} = \frac{1}{x}$$

が得られますから，

$$f'(y) = \frac{dx}{dy} = x = f(y)$$

となります．それゆえ，等式の系列

$$f(y) = f'(y) = f''(y) = f'''(y) = \cdots$$

が得られます．これに加えて $x = 1$ のとき $y = 0$ であることに留意すると，

$$f(0) = f'(0) = f''(0) = f'''(0) = \cdots = 1$$

となることがわかり，ここから関数 $f(y)$ のマクローリン展開，すなわち $y = 0$ を中心とするテイラー展開

$$f(y) = 1 + \frac{y}{1!} + \frac{y^2}{2!} + \cdots$$

が得られます．これが指数関数です．

ここから先はこの関数が周知の指数関数と同じものであることを見ることをめざして論証を続けるのですが，まず加法定理

$$f(x+y) = f(x)f(y)$$

を導出し，次にこれを繰り返して等式

$$f(x_1 + x_2 + \cdots + x_n) = f(x_1)f(x_2)\cdots f(x_n)$$

を作ります．この等式において $x_1 = x_2 = \cdots = 1$ と置くと，

$$f(n) = (f(1))^n$$

となります．そこで定数 $f(1)$ をあらためて記号 e と表記することにすると，

$$f(n) = e^n$$

となります．$n = 1$ の場合を明示的に書くと，e は無限級数

$$1 + \frac{1}{1!} + \frac{1}{2!} + \cdots$$

の和にほかなりませんが，この数値は極限値 $\lim_{n \to \infty} \left(1 + \frac{1}{n}\right)^n$ と同じものです．

この定数 e を使って，任意の x に対しても

$$f(x) = e^x$$

と書くことにすると指数関数らしい感じになりますが，これを「底 e の任意指数 x に関する冪」と呼ぶのが『解析概論』の流儀です．

有理式の積分関数の逆関数 (2)：正弦関数

指数関数と対数関数についてはこれでよいとして，次に三角関数はどうするかというと，今度は円の弧長を測定する際に現れる積分

$$\theta = \int_0^x \frac{dx}{\sqrt{1 - x^2}}$$

を取り上げて，この積分の逆関数として実変数の正弦関数 $x = \varphi(\theta)$ を定めます（図 4.7 参照）．正弦関数が定まれば余弦関数 $\psi(\theta) = \cos\theta$ も定まりますし，正弦関数と余弦関数を用いて正接関数 $\tan\theta$ も定まります．

積分関数 $\theta = \int_0^x \frac{dx}{\sqrt{1 - x^2}}$ を微分すると，等式

$$\frac{d\theta}{dx} = \frac{1}{\sqrt{1 - x^2}}$$

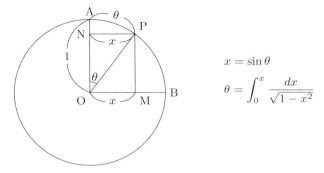

図 4.7 円の弧長の測定

が得られます．したがって，正弦関数 $x = \varphi(\theta)$ の導関数は

$$\varphi'(\theta) = \frac{dx}{d\theta} = \sqrt{1-x^2}$$

となります．『解析概論』の表記法を採用して，便宜上 $\psi(\theta) = \sqrt{1-x^2}$ と書くことにすると，

$$\psi'(\theta) = \frac{d}{d\theta}\sqrt{1-x^2} = \frac{d}{dx}\sqrt{1-x^2} \cdot \frac{dx}{d\theta}$$
$$= \frac{-x}{\sqrt{1-x^2}}\sqrt{1-x^2} = -x = -\varphi(\theta)$$

と計算が進みます．これを繰り返すと，

$$\varphi''(\theta) = \psi'(\theta) = -\varphi(\theta)$$
$$\psi''(\theta) = -\varphi'(\theta) = -\psi(\theta)$$

となり，さらに続けると，

$$\varphi^{(2n)}(\theta) = (-1)^n \varphi(\theta), \qquad \psi^{(2n)}(\theta) = (-1)^n \psi(\theta)$$
$$\varphi^{(2n+1)}(\theta) = (-1)^n \psi(\theta), \qquad \psi^{(2n+1)}(\theta) = (-1)^{n+1} \varphi(\theta)$$

という一系の等式が得られます．

ここで出発点の積分関数 $\theta = \int_0^x \frac{dx}{\sqrt{1-x^2}}$ にもどると，$x = 0$ のとき $\theta = 0$ であることがわかりますから，$\varphi(0) = 0, \psi(0) = 1$．これで二つの関数 $\varphi(\theta)$,

$\psi(\theta)$ の各々のすべての階数の導関数について，$\theta = 0$ に対する値が判明し，$\theta = 0$ を中心とする冪級数展開（マクローリン展開）

$$\varphi(\theta) = \theta - \frac{\theta^3}{3!} + \frac{\theta^5}{5!} - \cdots$$

$$\psi(\theta) = 1 - \frac{\theta^2}{2!} + \frac{\theta^4}{4!} - \cdots$$

が導かれます．関数 $\varphi(\theta)$ は正弦関数 $\sin\theta$，$\psi(\theta)$ は余弦関数 $\cos\theta$ です．

　このようにして，有理式の積分の逆関数を考えるという視点に立脚して指数関数と正弦関数が導入されました．いかにも簡単明瞭ですが，あらかじめ積分の理論を作っておかなければできないことでもあります．指数，対数，三角法は微積分が発見される前から知られていたのですから，ひとたび関数概念が提案されれば，それらはたちまち指数関数，対数関数，三角関数へと変容します．そのようにしても別に悪いわけではありませんが，こだわることはないという考えにも一理があります．その意味において，『解析概論』で示された道筋では伝統が破られています．

　その際の要点は，上記の指数関数の場合であればマクローリン展開という名の冪級数表示にありました．言い換えると，指数関数と目される関数の冪級数による表示式が書き下されたのですが，その表示式において変数の変域を複素数域まで拡大すると複素指数関数が得られます．複素指数関数はヴァイエルシュトラスのいう意味において解析的であり，『解析概論』にいう正則な解析関数でもあり，この関数の本質はまさしくそこのところにありありと現れています．実指数関数から出発して複素指数関数へと及ぶのではなく，はじめから複素指数関数から出発し，その解析性を基礎にして実指数関数の諸性質を諒解するべきであるというのが『解析概論』の主張であり，その点を強調して，18 世紀には実変数の指数関数は複素変数の指数関数を「実数の断面において考察していた」と高木先生は指摘したのでした．この間の諸事情は正弦関数についても同様です．

　対数関数についても同様ではありますが，対数関数は無限多価性という属性を備えていますので解析接続を考慮しなければならず，指数関数や正弦関数よりも取扱いのむずかしい関数です．「正則関数」と「解析関数」の概念が分れていくのもこのあたりに原因があります（詳しくは後述します）．

オイラーの等式

これまでに見てきたことを回想すると，複素指数関数とは

$$e^z = 1 + \frac{z}{1!} + \frac{z^2}{2!} + \cdots$$

という無限級数そのものであり，複素正弦関数は，

$$\sin z = z - \frac{z^3}{3!} + \frac{z^5}{5!} - \cdots$$

という無限級数で定まります．先に指数関数と正弦関数があって，それらをテイラー級数に展開すると右辺の無限級数が現れるというのではなく，右辺の無限級数はいたるところで収束することを確認したうえで，それらの無限級数そのものをそれぞれ指数関数，正弦関数と定めるという手順を踏むことになります．余弦関数を定める無限級数も書いておくと，

$$\cos z = 1 - \frac{z^2}{2!} + \frac{z^4}{4!} - \cdots$$

となります．

これらの無限級数を観察すると，複素指数関数は正弦および余弦関数と密接に連繋していることも明らかになり，「オイラーの等式」と呼ばれる等式

$$e^{yi} = \cos y + i \sin y$$

が得られます．ただし，『解析概論』には「オイラーの等式」という名前は記されていません．

『解析概論』，207 頁に出ている計算を再現してオイラーの等式を導出してみます．複素数 $z = x + yi$ $(i = \sqrt{-1})$ に対し，

$$e^{x+yi} = e^x \cdot e^{yi}$$

となりますが，ここで，

$$\begin{aligned} e^{yi} &= 1 + \frac{yi}{1!} - \frac{y^2}{2!} - \frac{y^3 i}{3!} + \cdots \\ &= \left(1 - \frac{y^2}{2!} + \frac{y^4}{4!} - \cdots\right) + i\left(\frac{y}{1!} - \frac{y^3}{3!} + \frac{y^5}{5!} - \cdots\right) \\ &= \cos y + i \sin y \end{aligned}$$

と計算が進み，「オイラーの等式」に到達します．

y の符号を変えると，オイラーの等式は

$$e^{-yi} = \cos y - i \sin y$$

という形になります．これらの二つの等式を組み合わせると，等式

$$\cos y = \frac{e^{yi} + e^{-yi}}{2}, \quad \sin y = \frac{e^{yi} - e^{-yi}}{2i}$$

が得られ，実変数の正弦関数と余弦関数は複素変数の指数関数を用いて表されることがわかります．

これらの等式では変数 y は実変数ですが，複素変数に対してもそのまま成立することは明白です．こうしてみると三角関数というものの実体は消失してしまいます．そこで高木先生は，三角関数は「単なる略記法としてのみ存在理由を有するのである」と言い添えました．真に存在するのはただ複素指数関数のみであり，三角関数などは指数関数の一形態にすぎないと言いたそうな言葉です．

玲瓏なる境地

『解析概論』の定理 56 では「モレラの定理」が紹介されています．コーシーの積分定理の逆向きの状況を物語る命題です．

> 領域 K において $f(z)$ は連続で，$\int_{z_0}^{z} f(z)\,dz$ が積分路に関係しない値を有するならば，$f(z)$ は K において正則である．（『解析概論』，230 頁）

モレラのフルネームはジャチント・モレラ（Giacinto Morera）といい，イタリアのノヴァーラ（Novara）という町に 1856 年 7 月 18 日に生れ，1909 年 2 月 8 日にトリノで亡くなりました．

連続関数 $f(z)$ の積分 $\int_{z_0}^{z} f(z)\,dz$ は一般に積分路に依存しますが，そうでなければこの積分により領域 K における 1 価関数 $F(z)$ が定まります．しかもこの関数は微分可能，言い換えると正則で，その導関数はもとの関数 $f(z)$ になるというのがモレラの定理です．コーシーの積分定理とモレラの定理は

互いに逆の関係にあるように見えますが，この場面において高木先生はこう言っています．

> 我々は微分可能性によって解析函数を定義した．微分可能性は，約言すれば，z が z_0 に近づく経路に関係なく，$\dfrac{f(z)-f(z_0)}{z-z_0}$ の極限が一定であることを意味する．今同様に z_0 と z とを結ぶ通路に関係なく，$\int_{z_0}^{z} f(z)\,dz$ が一定であることを（この場限り）かりに積分可能ということにしてみよう．然らばコーシーの定理は，複素変数の函数 $f(z)$ が微分可能ならば，積分可能であることを示し，またモレラの定理は，$f(z)$ が積分可能ならば，微分可能なることを示すものである．この意味において，複素数の世界では，微分可能も積分可能も同意語である．驚嘆すべき朗らかさ！ コーシーおよびそれに先立ってガウスが虚数積分に触れてから約百年を経て，我々はこの玲瓏なる境地に達しえたのである．（『解析概論』，232 頁）

「玲瓏なる境地」という，ひときわ印象的な言葉がここで語られました．『解析概論』の白眉と見るべき発言で，高木先生が『解析概論』を書いたのはこのひとことをつぶやくためだったと思えてくるほどです．

3　解析的延長（解析接続）

「正則性」と「解析性」をめぐって

正則関数については微分可能性と積分可能性は同意語であるという「驚嘆すべき朗らかさ」が明らかになり，「玲瓏なる境地」に到達しましたが，ここで複素変数関数論の出発点に立ち返り，「正則な解析関数」という言葉を再考してみたいと思います．

複素平面上に領域 K を指定して，K において定義された複素数値の 1 価関数 $f(z)$ を考えるのですが，この関数に微分可能性という限定条件を課すところから理論体系の構築が始まります．微分可能な関数のことをフランス系では整型（holomorphe, オロモルフ）と呼んでいると，『解析概論』の第 5 章のはじめに書かれていました．ギリシア語に由来する言葉のようで，holo は英語の entire で，「完全な」，「全体の」，「欠けるところのない」というほどの

意味を備えています．日本語ではよく「整」という言葉があてられて，entire number といえば整数のことです．morphe は英語なら appearance や forme に該当し，「外見」，「見た目」，「姿形」というほどの意味合いになりますから，これには「型」という言葉をあてはめることにします．これで holomorphe に対して「整型」という訳語が定まりました．

『解析概論』では英語の regular に対して正則という訳語をあてていますが，フランス語の holomorphe のほうも整型ではなく正則と呼ぶのが今日の一般的趨勢ではないかと思います．holomorphe の英訳が regular で，regular の日本語訳が正則です．そこでもとの holomorphe も正則になったのであろうと推定されますが，holomorphe を原義のとおり整型と訳出している翻訳書も存在します．

ひとまず今日の流儀に従って正則関数という言葉を使うことにしますが，この語法を一番はじめに提案したのは当然のことながらコーシーであろうと思っていたのですが，どうもそうではなく，コーシー自身が使っていたのは monogène とか synectique という言葉です．コーシーの次の世代のフランスの数学者にブリオとブーケという人がいて，この二人が synectique の代りに holomorphe を提案した模様です．

関数 $f(z)$ に対して冪級数展開の可能性を課すと解析関数と呼ばれる関数になります．フランス語の analytique，ドイツ語の analytisch（アナリューティッシュ），英語の analytic に解析的という訳語をあてたのですが，この形容詞の使用例はラグランジュの著作『解析関数の理論』（1797 年）に見られることは既述のとおりです．ところがここにもうひとり，コンドルセというフランスの数学者がいて，ラグランジュの著作に先立ってペテルブルク科学アカデミーの学術誌『ペテルブルク帝国科学アカデミー報告（*Acta Academiae Scientiarum Imperialis Petropolitanae*）』（1777 年，前期．1778 年刊行）に掲載された論文「ある特定の形の解析関数により総和を表示することのできるいくつかの無限級数について」において，fonctions analytiques（解析関数）という言葉を使っています．このあたりが最古の使用例であろうと思われます．

解析的延長（解析接続）

複素平面上に領域 K を指定して，K において複素数値関数を考えるというのであれば，正則であること（各点において微分可能であること）と解析的であること（各点において冪級数展開可能であること）とは同等ですから，正則関数と解析関数は同じ意味の言葉です．それなのに正則性と解析性という二通りの言い回しがあるのはなぜなのだろうという疑問が起りますが，解析接続もしくは解析的延長という現象に対処する姿勢に応じて言葉遣いの分れが生じます．

『解析概論』では「解析接続」ではなく「解析的延長」という言葉が採用されていますが，「解析接続」という言葉もよく使われています．複素平面上のある領域 K_0 において与えられた正則関数 $f(z)$ が，その「正則である」という性質を保持したまま，いっそう大きい領域 K における正則関数 $F(z)$ にまで延長もしくは接続されるという現象を指しているのですが，このような延長が可能な場合，延長された関数 $F(z)$ はただひととおりに定まります．この場合，『解析概論』では $F(z)$ を「領域 K への $f(z)$ の解析的延長」と呼んでいますが，$F(z)$ もまたさらに解析的に接続されることもありえますし，このプロセスはどこまで続くのでしょうか．

次に挙げるのは第 63 節「解析的延長」の冒頭の定理 62 です．

> 領域 K において $f(z), g(z)$ は正則で，K 内の小領域 K_0 においては $f(z) = g(z)$ とする．然らば K において常に $f(z) = g(z)$．（『解析概論』，244 頁）

この定理は解析的延長の一意性を保証しています．実際，領域 K_0 における正則関数 $f(z)$ が K 上の二つの正則関数 $F(z), G(z)$ に延長されたとするなら，$F(z)$ と $G(z)$ は K_0 上では一致するのですから，定理 62 より必然的に K 全体においても一致するほかはありません．

解析的延長という現象に関して，高木先生はこう言っています．

> 解析函数の上記の性質をディリクレ式の実変数の函数と比較するならば，そこに根本的の差別が見出される．或る区域において定義された実変数の函数は微分可能性を要求しても自由に区域外に拡張されるから，原区域における函数を律する法則は拡張された区域外に

及ばない．これに反して，或る一点の近傍において与えられた解析函数は，それの解析的延長が可能なる全領域において一定であるから，拡張の及ぶ限り一定の法則によって支配されるというべきである．

　18世紀には函数は天賦であるかのように考えられていたのであろう．従って各函数はそれぞれ天賦の法則に支配されるものと信ぜられた．それをオイラー式の連続性という．それは数量的の連続以上，いわば法則上の連続である．18世紀の数学で無意識的に夢想されていた法則上の連続性が解析函数によって，最初の一例として，実現されたのである．（『解析概論』，246頁）

領域 K を固定して，K における関数の微分可能性を考えるというのであれば，たとえ複素変数関数といえども，実変数関数に対するディリクレ式の定義を採用すれば十分です．ところが複素変数関数に微分可能性の条件を課して正則関数の概念を定めると，そのとたんに解析的延長の属性がおのずと備わって，前もって定義域を指定するということの意味が消失してしまいます．正則関数とは別に解析関数という概念を考えなければならない理由がそこにあります．

自然境界と正則領域

解析的延長についてもう少し立ち入って考えるために，かんたんな一例として，冪級数

$$1 + z + z^2 + z^3 + \cdots$$

を取り上げてみます．この級数は $|z| < 1$ となるすべての z に対して収束しますから，これによって複素平面上の円板 $K_0 = \{z \mid |z| < 1\}$ における正則関数 $f(z)$ が定まります．他方，この冪級数は公比 z の等比級数ですから即座に総和が求められて，極限は有理式 $F(z) = \dfrac{1}{1-z}$ になることがわかります．それゆえ，等式

$$F(z) = f(z), \quad \text{すなわち} \quad \frac{1}{1-z} = 1 + z + z^2 + z^3 + \cdots$$

が成立します．

この等式が成立するのはあくまでも単位円板 K_0 においてのことですが，右辺の無限級数が表す関数が意味をもつのは K_0 においてのみであるのに対し，左辺の有理式は複素平面から原点を除去した領域 K において正則な関数を表しています．それゆえ，$F(z)$ は「領域 K への $f(z)$ の解析的延長」にほかなりません．この関係を逆向きに見ると，$f(z)$ は $F(z)$ の断片にすぎないことになります．$F(z)$ の変数の変域をあえて K_0 に限定しなければならない理由はなく，$f(z)$ は $F(z)$ の $z=1$ の近傍での表現形態です．

微分可能性の定義は実変数関数に対しても複素変数関数に対してもまったく同じ形で表明されますが，複素変数関数の場合には微分可能性（正則性）がそのまま解析的延長の受容に通じています．この性質を指して，この場限りでのことですが，「正則関数の解析性」ということにしたいと思います．この性質がある以上，正則関数の場合にはひとつひとつの正則関数について固有の定義域が附随していることになります．

正則関数 $f(z)$ の定義域 K というのは，「$f(z)$ を K よりも大きな領域にまで解析的に延長することができない領域」のことですが，言い換えると，K の境界点の全体が隙間のない壁を形成し，$f(z)$ は K のあらゆる境界点において解析的延長を妨げられてしまうということになります．これをさらに言い換えて，K の境界点を $f(z)$ の特異点と呼ぶこともあります．これに対し $f(z)$ が「そこにおいて正則である点」のことは正則点と呼ぶことにすると，領域 K は $f(z)$ の正則点の全体です．

このあたりにはいろいろな言葉が該当します．領域 K の境界点の全体を K の境界と呼ぶことにすると，K の境界は $f(z)$ の自然境界と呼ばれることがあります．領域 K については，これは多変数関数論で行われている用語ですが，$f(z)$ の正則領域という言葉があてはまります．上記の例でいうと，$z=1$ は $F(z)$ の特異点で，複素平面からこの点を除去して得られる領域が $F(z)$ の正則領域です．

本当は無限遠点 $z=\infty$ における関数の挙動についても考慮しなければならず，その様子は『解析概論』では第 60 節「$z=\infty$ における解析函数」に書かれていますが，ここでは省略します．

単性解析関数

第 5 章を読み進めていくと折に触れて「正則性」と「解析性」という二通

りの言葉の使い方に迷い，そのためにしばしば大きな困惑に襲われます．これまでに出会った語法を回想すると，まず216頁に「正則な解析函数」という概念が登場し，略して単に「正則」ともいうと，註記が添えられています．223頁でコーシーの積分定理の文言を見ると，「解析函数 $f(z)$ は領域 K において正則で，……」というように書かれていて，「解析函数」の一語に出会いますが，この段階ではまだ単独の「解析関数」の概念は記されていないのですから不審がつのります．

このあたりが困惑のはじまりです．228頁には「コーシーの定理から解析函数の著しい性質が容易に導かれる」という一文があり，またしても「解析函数」に遭遇します．229頁の「定理54」では「解析函数は，それが正則なる領域内の任意の点においてテイラー級数に展開される」と宣言され，246頁には「我々は局所的に正則性（微分可能性）をもって解析函数を定義した」と明記されています．意味を汲みにくい文言ですし，混乱は深まるばかりですが，高木先生の心中を忖度すると，「正則な解析関数」とは別に「解析関数」という単独の概念が存在し，それは「局所的には」「正則な解析函数」と合致するということであろうと思われます．では，その単独の「解析函数」とは何かというと，ヴァイエルシュトラスが提案して「単性解析函数 (monogene analytische Funktion)」と命名したという関数が該当します．この呼称は246頁で紹介されています．

解析的延長が行われる様子を『解析概論』の叙述に沿ってもう少し具体的に観察してみたいと思います．複素平面上のどの点でもよいのですが，たとえば原点を中心とする冪級数 $\sum a_n z^n$ が与えられたとして，その収束円を C としてみます．すると，この冪級数は C の内部の領域で正則な関数 $f(z)$ を表しますが，しかも円 C 上には必ず $f(z)$ の特異点が存在します．

C 内の原点以外の点 a を取ると，新たな状況が発生することがあります．$f(z)$ は a を中心とする冪級数 $P(z-a)$ に展開されますが，ここで考慮しなければならないのはその収束円 C_a の大きさです．$P(z-a)$ は少なくとも a を中心として C に内接する円内で収束しますが，C_a はそれよりも大きいことがありえます．その場合には二つの円 C と C_a を合併した領域 K_1 を作ると，もともと C 上で与えられた $f(z)$ は K_1 まで解析的に延長されることになります．その K_1 内の点 b を取ると，$f(z)$ は b を中心として冪級数 $P(z-b)$

に展開されます．そこでその収束円 C_b を考えるとき，もしそれが K_1 内におさまらないのであれば，K_1 と C_b を合併した領域 K_2 は K_1 よりも大きくて，$f(z)$ は K_2 まで解析的に延長されます．

このような操作を可能な限りどこまでも継続すると，いろいろな点を中心とする無数の冪級数の集まりが手に入り，関数 $f(z)$ はそれらの冪級数の各々に附随する収束円の内部において正則です．そこで，$f(z)$ は各々の収束円において「局所的に与えられている」ということにすると，「局所的」の一語がぴったりあてはまります．$f(z)$ の変数の変域を $P(z-a)$ の収束円 C_a に限定した関数を f_a で表して f_a と C_a の組 $\omega_a = (f_a, C_a)$ の全体を Ω で表すとき，ヴァイエルシュトラスはこれによって「一つの函数が定められる」と見て，それを「単性解析函数」と名づけたというのが高木先生の解説です．

このあたりの状況にもう少し立ち入って考えてみたいと思いますが，収束円 C_a の全体を合わせると非常に大きな領域 K が形成され，$f(z)$ はその K における正則関数を表すことになりそうですが，ここにひとつの問題があり，そのためにかんたんにそのように言うことはできなくなってしまいます．それは関数 $f(z)$ の多価性の問題です．

複素対数関数再論

解析関数の多価性について語るには複素対数関数に例を求めるのがもっとも適切と思います．高木先生の『解析概論』では第 65 節「対数 $\log z$ 一般の巾 z^a」において詳述されていますが，複素対数関数が紹介されるのはこの節が最初ではなく，これに先立って第 54 節「指数函数と三角函数の関係　対数と逆三角函数」においてすでに顔を出しています．その節ではまず複素指数関数が導入され，次にその逆関数として複素対数関数の定義が記述されました．実変数の対数関数 $\log x$ なら周知ですが，それを複素数域まで解析的に延長すると複素対数関数が現れて，無限に多くの値を取るりうる無限多価関数であることが明らかになります．

高木先生は「複素変数に関する指数関数の逆関数として log の定義が複素数にまで拡張される」と宣言し，複素数 z の対数 $\log z$ を定義する式

$$\log z = \log |z| + i(\theta + 2n\pi)$$

を書きました（同書，210 頁．ここで $i = \sqrt{-1}$）．「虚数部は一意的に定まら

なくて，$2\pi i$ の整数倍だけ異なる無数の値を有する」とも言い添えられていて，複素対数の無限多価性というオイラーの苦心の発見の由来が，こうして簡潔に明示されました．

このように諒解すればそれはそれで十分なのですが，第65節に移ると，高木先生は複素対数関数が実対数関数の解析的延長であることと無限多価性を「簡明に示すべき算式が幸に存在する」と宣言し，定積分

$$\log z = \int_1^z \frac{dz}{z}$$

を書きました．z が実数で，積分は実数直線上で行うことにするなら，右辺の積分が対数になることは古くからよく知られている事実です．複素数の z に対してはどのようになるのかというと，右辺の積分において $\frac{1}{z}$ は $z=0$ のみを例外としてそれ以外のところでは正則ですから，この積分は 1 を含んで 0 を含まない単連結な領域 K において正則です．

領域 K が単連結というのは，「K 内に引かれるすべての閉曲線 C の内部の各点が K に属すること」（『解析概論』，227 頁）で，高木先生は例として，(1) 円の内部，(2) 長方形の内部，(3) 一般にひとつの閉曲線の内部，(4) 1本の半直線で切られた平面，(5) 平行線（2本の平行線の中間）を挙げています．

『解析概論』の説明をそのまま再現すると，このようにして K 内で定義される関数 $\int_1^z \frac{dz}{z}$ は「実数に関する $\log z$ の K 内への唯一に可能なる解析的延長」です．たとえば複素平面を実数軸の負の部分に沿って切断し，その半直線を境界とする領域を K とすると，K は単連結ですから，1 と K 内の点 z を結ぶ任意の曲線に沿って積分 $\int_1^z \frac{dz}{z}$ は同一の値を取ります．ところが，1 と z を結ぶ曲線が実数軸の負の部分を横断するとにわかに状況が変ります．

ガウスのアイデアによれば

実変数の対数関数を積分 $\int_1^z \frac{dz}{z}$ により複素変数まで延長するというアイデアはガウスによるもので，ガウスはそれを 1811 年 12 月 18 日付でベッセル（ガウスと同時代のドイツの天文学者）に宛てた手紙において表明しました．高木先生の著作『近世数学史談』に紹介されていますので，参照したいと思います．以下に挙げるのは『近世数学史談』からの引用です．

肖像 4.2 ガウス

さて然らば $x = a+bi$ なるとき $\int \varphi(x)\,dx$ は何を意味するか．若しも明白なる概念に基づいて論ぜんとするならば，勿論 x に無限小なる増加（それも $\alpha+\beta i$ の形）を与えて $x = a+bi$ に達した所で，それらの $\varphi(x)\,dx$ の総和を作るべきである．そのようにして意味［積分の］が確定した所で x の一つの値から他の値 $a+bi$ へ連続的に行く途は［複素数平面上で］無数にある．（『近世数学史談』，93 頁）

複素平面上で x のひとつの値からもうひとつの値へと向う路は確かに無数に存在します．もしそのような二つの道で囲まれる領域の内部に関数 $\varphi(x)$ の特異点が存在しなければ，どちらの道に沿って積分を作っても同じ値が得られます．これはコーシーの積分定理そのものですが，ガウスはこれを次のように語っています．

積分 $\int \varphi(x)\,dx$ が二つの相異なる途に応じて取る値は常に同一である．但しそれらの二つの途の間に挟まれたる面上に於て，何処でも $\varphi x = \infty$ にならないとする．本当は $\varphi(x)$ は x の一価函数であるか，少なくともこの面上では連続を破らないで取り得る値が唯一組あることを仮定するのである．これは美麗なる定理である．証明もむずかしくはないから適当の機会に発表するであろう．この定理は

級数への展開についての他の美しい真理にも関係を有する．（同上，93–94 頁）

この言葉で本質的なことは，「それらの二つの途の間に挟まれたる面上に於て，何処でも $\varphi(x) = \infty$ にならない」という一事です．ガウスはこれを「各点へは $\varphi(x) = \infty$ になる点を通らないで行けるから，予はさような点は避けられるべきことを要求する」と言い表しています．

これに対し，もし「それらの二つの途の間に挟まれたる面上に」特異点が存在するなら状況は一変します．ガウスは次のように言っています．

$\int \varphi(x)\, dx$ から生ずる函数は変数の一つの値に対して多くの値を有し得るのである．それは x のその値に達するのに $\varphi(x) = \infty$ になる点を廻わらないこともあり，一回廻わることもあり，又数回廻わることもあるからである．（同上，94 頁）

このように語ったのちに，ガウスは $\varphi(x) = \dfrac{1}{x}$ を例に取り，複素対数関数を定める積分

$$\log x = \int_1^x \frac{dx}{x}$$

を書きました．始点 $x = 1$ から出発して閉曲線を描いて再び $x = 1$ にもどってくるとき，その閉曲線が関数 $\varphi(x) = \dfrac{1}{x}$ の特異点 $x = 0$ を回ると，時計と反対回りに回るたびに $2\pi i$ だけ加わり，時計回りに回るたびに $2\pi i$ だけ減少します．こうして $\log x$ の無限多価性の意味が明らかになるというのがガウスの説明です．高木先生はこのガウスの言葉に基づいて，『解析概論』において複素対数関数の無限多価性を語りました．

解析関数を局所的に見る

複素対数関数は複素平面から原点を除去した領域 Ω の各点において正則ですから，原点以外の任意の点 a の近傍で冪級数により表されます．その冪級数の収束半径は a と原点との距離になり，その円を乗り越えてなお解析的に延長することはできません．原点がじゃまをしているためなのですが，その意味において，原点には複素対数関数の特異点という名がぴったりあてはまります．

原点を除去した複素平面 Ω の各点 a において，複素対数関数を表す a のまわりの冪級数 $P(z-a)$ を作ることができますが，そのような冪級数は一般に無限に多く存在します．それが複素対数関数の無限多価性ということにほかなりません．どの冪級数 $P(z-a)$ も，原点をまわる閉曲線に沿って解析的に延長されて，出発点の a にもどってくるともとの $P(z-a)$ とは一致せず，$2\pi i$ の倍数だけ増減します．Ω のどの点 a についても，無限に多くの a のまわりの冪級数が存在し，それらの総体はヴァイエルシュトラスのいう単性解析関数を構成します．それが複素対数関数というものの真実の姿です．

複素平面上に領域 K を固定して，その上で関数を考えるという構えを取るなら，正則性（微分可能性）も解析性（K の各点のまわりでの冪級数による表示可能性）も同じことになりますが，正則関数に必然的に附随する解析的延長という属性を考えるとき，解析性ということが深い意味合いを帯びてきます．正則性と解析性をひとまず区別して考えることにすると，正則性の延長というのは考えにくいのですが，解析性のほうは冪級数表示の中心を移していくだけでごく自然に延長されていきます．そのようにして生成される冪級数の集合体を 1 個の関数と見ようというのがヴァイエルシュトラスの考えなのですから，実関数の場合のディリクレ式の関数概念とはだいぶ趣を異にしています．

このように考えていくと，ヴァイエルシュトラスのいう解析関数というのは正則関数よりもはるかに広範な概念であることがわかります．『解析概論』の定理 51 の「コーシーの積分定理」は「解析函数 $f(z)$ は領域 K において正則で，……」と書き出されていますが，このとき高木先生の念頭にあったのはヴァイエルシュトラスのいう解析関数だったのであろうと思います．

$f(z)$ を冪級数の集まりと見るとき，それが領域 K において正則であるという以上，$f(z)$ を構成する冪級数の中に K の点 a を中心とするものが必ず存在します．そのような冪級数はひとつとは限りませんし，複素対数関数を考えると諒解されるように，無限に多くの冪級数が存在することもありえます．それらの各々を K 内において可能な限りくまなく解析的に延長していくとき，起りうる現象は実にさまざまです．ある冪級数は K 内のどこかの点が特異点になって，そこで解析的延長がさえぎられるかもしれませんし，ある冪級数は特異点をもたないかもしれませんが，複素対数関数の場合のように多価性をもつかもしれません．なかには，K 内に特異点をもたず，しかも

1価性が保たれる冪級数も存在し，その場合にはその冪級数は K における1価正則関数を定めます．そのような冪級数はただひとつとは限りませんが，少なくともひとつは存在すると仮定して，それらの各々を「解析関数 $f(z)$ の K における分枝」と呼ぶことにすると，それらはどれもみな K における正則関数です．このような状況を想定してはじめて，「解析関数 $f(z)$ は K において正則であるものとする」という文言の意味が明らかになります．

有理型関数

解析関数と正則関数の関係はこれでだいぶよくわかるようになりましたが，解析関数を考えていくうえで大きな問題となるのは，解析的延長を妨げる点，すなわち特異点の分布状況と，特異点に接近していくときの関数の挙動です．『解析概論』では第59節「解析函数の孤立特異点」という節が立てられていて，孤立特異点については詳述されていますが，それ以外の特異点についての記述はほとんどなく，わずかに原点 $z=0$ は複素対数関数 $\log z$ の分岐点であるという記述が見られるばかりです（257頁）．複素対数関数の場合には原点を一周して解析的に延長すると，そのつど $2\pi i$ だけ増減するのですから，分岐点という呼称がよく似合います．

孤立特異点は極と真性特異点に分かれます．原点は関数 $f(z)=\dfrac{1}{z}$ の特異点ですが，それは極と呼ばれる種類の特異点で，この関数は原点において（位数1の）極をもつというように言い表します．極という名の特異点の正確な定義は『解析概論』に書かれていますが，おおむね $\dfrac{1}{z}$ における原点のようなものと諒解しておいてさしつかえありません．極には位数という名の数値が附随しています．原点は $\dfrac{1}{z}$ の1位の極，$\dfrac{1}{z^2}$ の2位の極，一般に $\dfrac{1}{z^n}$ の n 位の極です．

極に関連して問題になるのは有理型関数です．『解析概論』の289頁に第5章の21番目の章末問題がありますが，その問題文中に，

> 領域 K において $f(z)$ は一意的で，極よりほかの特異点（真性特異点）を持たないとき，$f(z)$ は K において有理型（meromorphic）であるという．

と，有理型関数の定義がいかにもさりげなく書かれています．K において考えられているのですから，ディリクレ式に考えると領域 K は関数 $f(z)$ の定

義域のように見えますが，K 内にはあちこちに孤立特異点があり，しかもそれらは関数 $f(z)$ の極と言われています．ところがこの関数は極において特定の値を取るわけではありませんから，K を関数の定義域と呼ぶことはできないにもかかわらず，それでもなお $f(z)$ は K において考えられています．このあたりがどうもわかりにくいところです．

『解析概論』の第 5 章の冒頭に書き留められた「正則な解析関数」という言葉に謎めいた響きを感じ，何かしら背景に控えているものの存在が感じられましたので，解明を志してあれこれと考察を重ねながらここにいたりました．このあたりの消息が明確にならないために，第 5 章の叙述の全体がなんとなく鮮明さを欠いてしまい，むずかしいという印象につながるのではないでしょうか．高木先生にしても，本当は「解析関数」と「正則関数」の概念を別々に語りたかったのではないかと思います．解析関数としてはヴァイエルシュトラスが提案したという「単性解析関数」が紹介されましたが，この解析関数には特異点がありませんから，局所的に見ると正則関数と同じです．ここで「局所的に見ると」という限定条件を課したのは，単性解析関数の全体を眺めると一般に多価性が認められるからです．局所的に見れば複素平面のある領域において一価関数を考えるのと同じことになり，関数の解析性（各点において冪級数展開可能）と正則性（微分可能性）は論理的に見る限り同等の概念です．

解析関数の分岐点

正則関数とは別に解析関数の概念を持ち出すのは解析接続という現象を関数の概念規定に取り込むためだったのですが，解析接続を考慮する以上，必然的に特異点に向き合わなければならないことになります．特異点は分岐点と不分岐点に分けられますが，まず不分岐点について考えてみると，さらに二分されます．一方を極と呼び，もう一方を本質的特異点と呼ぶことにしてみます．孤立する真性特異点は本質的特異点の仲間ですが，孤立しない本質的特異点も存在します．極はヴァイエルシュトラスの単性解析関数の境界点ですが，これを解析関数に付け加えると拡大された解析関数が形成されます．

拡大された解析関数は極において値をもちませんので，関数という言葉は本当はあまり相応しくないのですが，極を境界点と見ずに，関数を考える場所の内点と見ることにするのは，極という特異点における関数の挙動を考え

るための有力なアイデアです．たとえば有理関数 $\dfrac{1}{z}$ は複素平面から原点を除去した領域 K において正則で，原点において 1 位の極をもちますが，有理型関数という言葉を用いれば，この状況は「解析関数 $\dfrac{1}{z}$ は複素平面全体における有理型関数であり，K において正則で，原点において 1 位の極をもつ」と言い表されます．

極とは裏腹に，真性特異点はどこまでも境界点として扱われます．たとえば関数 $e^{\frac{1}{z}}$ は原点において真性特異点をもちますが，この関数を複素平面全体における解析関数と見ることはありません．

正則領域と有理型領域

複素変数関数に対しても実変数関数の場合と同様に微分可能性を通じて正則関数を考えることにすると，自然に解析的延長という現象が現れますので，それに伴って特異点に遭遇します．では，解析学においてどこまでも関数を考えるという立場を堅持するとき，解析的延長と特異点に対してどのように対処したらよいのでしょうか．解析関数という概念が要請される理由がここにあります．

分岐点もまた複素対数関数における原点のように，「その点の回りで関数が無限に分岐する分岐点」もあれば，「無限に分岐することのない分岐点」もあります．たとえば，原点は関数 $f(z) = \sqrt{z}$ が「その回りで二重に分岐する分岐点」です．分岐点における関数の挙動はどうかというと，この関数は原点において正則です．複素対数関数の場合には原点は分岐点であり，しかも真性特異点でもあります．関数 $\dfrac{1}{\sqrt{z}}$ についてなら，この関数は原点において分岐し，原点において極をもちます．分岐点のことは代数関数を考える際に大きな問題になりますが，『解析概論』はそこまでは踏み込んでいません．

考察の出発点に立ち返り，「正則な解析関数」という言葉の真意を再考してみたいと思います．『解析概論』ではこの言葉はあくまでも「複素変数の 1 価関数で微分可能であるもの」という単一の概念を表すものとして提示されましたが，そのような関数でしたら単に「正則関数」といえばそれでよく，解析関数という言葉をここであえて持ち出す必要はありません．高木先生自身，「あるいは略して単に正則ともいう」と言っているくらいです．

正則関数とは別に解析関数の一語を持ち出さなければならないのはなぜか

といえば，解析的延長の現象に起因して正則関数が多価性を備えたり，さまざまな特異点に出会ったりするためです．正則関数を考える場所は天然自然に定められてしまうのですから，関数を考える場所を前もって人為的に指定してもしかたがありません．そこで解析関数という広い概念を提示して，「解析関数が正則でありうる場所」（解析関数の正則領域）や「解析関数が正則もしくは特異点をもつとしても高々極だけでしかない場所」（解析関数の有理型領域）を考えていくという姿勢で臨むのがよいのではないかと思います．正則領域にも有理型領域にも一般に分岐点が分布しています．

「複素平面上の領域 K において正則な解析関数」というのは，「領域 K がその正則領域の一部分であるような解析関数」を意味しています．前に『解析概論』から「コーシーの定理から解析函数の著しい性質が容易に導かれる」（228 頁），「解析函数は，それが正則なる領域内の任意の点においてテイラー級数に展開される」（229 頁の「定理 54」），「我々は局所的に正則性（微分可能性）をもって解析函数を定義した」（246 頁）という三つの文言を引いて，意味を汲みにくいという感想を書きましたが，あれこれと検討を重ねてようやく明瞭に理解できるようになりました．『解析概論』の第 5 章の全体をうっすらと覆っていた霧がたちまち消失して晴れわたり，美しい世界が広々と開かれたような感慨があります．

あとがき

　微積分の基礎とは何かという問いを立て，西欧近代の数学史を彩る古典的名著の数々を訪ねてここまで歩を進めてきましたが，顧みてひときわ心に残るのは虚量の定義を語ろうとするオイラーの言葉です．オイラーは「方程式の虚根の研究」という論文において虚量の定義を試みて，

　　ゼロより大きくなく，ゼロより小さくなく，ゼロに等しくもない量
　　は虚量と呼ばれる．

という，いかにも不思議な言葉を書き留めました．どのような量であろうとも，ゼロより大きいか，ゼロより小さいか，あるいはまたゼロに等しいかのいずれかでしかありえないと思われるところですが，このような文言を見ると，それ以外の神秘的な量の存在に強固な実在感を抱いていたオイラーの心情がありありと伝わってくるような思いがします．その実在感に言葉を与えようとして上記のような「定義」が書き下され，そこに足場を定めて，$\sqrt{-1}$は虚量なのだと，オイラーは言明したのでした．
　自乗すると -1 になる量という，何かしら得体の知れないものの正体を言い当てようとして，足場を固めるために虚量の定義を日常の言葉で語ることが要請されたのですが，このような経緯には「定義する」という数学的営為の本当の姿が現れています．それと同時に，虚量というものの表明をめぐってオイラー以降に現れた様式の変遷を観察すると，「定義が次第に変っていくのは，それが研究の姿である」という，岡潔先生の言葉がおのずと想起され，「定跡は歴史である」という将棋九段金子金五郎先生の言葉にしみじみと胸を打たれます．虚量を語る言葉の姿形は変容を重ねても，カルダノ，デカルト，ヨハン・ベルヌーイ，ライプニッツ，オイラー，ガウス，アーベル，ヤコビ，コーシー，ヴァイエルシュトラス，リーマンという人びとが，虚量に寄せて各人各様に深い実在感を抱いていたことに疑いを挟む余地はありません．そ

のような感受性の系譜に連なることができたとき，そのときはじめて数学の基礎ということを語ることができるようになるのではないかと思います．

　おおよそこのような考えを心に置いて微積分を支える基礎的諸概念の諸相を概観し，フーリエ解析を経て1複素変数の解析関数論にいたりました．ここから先の光景を展望すると，二つの世界が目に映じます．ひとつは多複素変数の解析関数論の世界．もうひとつは微分方程式論の世界で，そのまた先にはオイラーの変分法の世界が開かれています．前者の多変数関数論を語る際の最良で不可欠のテキストは岡潔先生の数学論文集であり，後者の微分方程式論を語る際には，藤原松三郎先生の著作『数学解析』の第2巻が恰好の参考書です．よいおりを見て二つの世界を縦横に語ることができるよう，その日の訪れを楽しみに待ちたいと思います．

平成29年（2017年）6月14日
高瀬正仁

索　引

■ あ行

『アクタエルディトールム』, 122
アルキメデス, 117
アルキメデスの原則, 47, 48
アルキメデスの公理, 47

一様連続, 127
1 価対応, 74
イプシロン = n_0 論法, 38, 39, 42
イプシロン = デルタ論法, 71, 74
岩波講座「数学」, 4
岩波茂雄, 4

ヴァイエルシュトラス, 34, 71, 115, 162, 170, 184, 189, 191
ヴァイエルシュトラスの定理, 34, 35, 37, 40, 43, 48, 81, 83
ヴィヴィアニ, 119
ヴィヴィアニの穹面, 119

エルミート, 18

オイラー, x, 10, 19, 22, 43, 55, 56, 60, 64, 73, 74, 77, 78, 89, 92, 95, 103, 109, 120, 124, 125, 129, 131, 139, 145, 147, 148, 157, 159
『オイラーの解析幾何』, x
オイラーの公式, 154
オイラーの定数, 56
オイラーの等式, 177
『オイラーの無限解析』, x

『王立理工科学校の解析教程. 第 1 部 代数解析』, 8
岡潔, 5

■ か行

『解析概論』, 1
『解析概論 改訂第 3 版』, 1
『解析概論 微分積分法及初等函數論』, 1
解析関数, 163, 165, 180
『解析関数の理論』, 10, 130, 163, 180
『解析教程』, 71, 93, 94, 127
解析接続, 181
解析的延長, 181, 182, 193
解析的源泉, 139
『解析入門 I』, 50
ガウス, 23, 186, 187
下界, 36
『科学と方法』, x, 34, 72
下限, 35, 36
『数とは何か，何であるべきか』, x, 16, 23
『数について—連続性と数の本質』, x, 16
数の連続性, 21
カルダノ, 143, 147
カルダノの解法, 143
カルダノの公式, 143
河合十太郎, 30
還元不能の場合, 143
関数, 65, 73, 86, 87
完全に任意の関数, 14, 74, 105, 106, 111, 114
カントール, 23, 34, 50, 52

基本公式, 133
基本列, 49
逆接線法, 120
極, 190, 192
曲線の解析的源泉, 114
『曲線の理解のための無限小の解析学』, 10, 25
『近世数学史談』, x, 186

区間縮小法, 44, 47, 48
グルサ, 4, 5, 63, 93, 94, 171

原始関数, 118, 121, 124, 129, 131, 133, 138

向軸線, 113
コーシー, x, 8, 19, 44, 53, 60, 61, 71, 89, 92, 94, 95, 125, 127, 132, 133, 137, 162, 166, 168
コーシー＝リーマンの積分, 135
コーシー＝リーマンの方程式, 164
コーシー＝リーマンの和, 126
『コーシー解析教程』, x
コーシーの積分公式, 169
コーシーの積分定理, 168, 178, 184, 187
コーシーの平均値の定理, 102
コーシーの和, 126, 166
コーシー列, 49, 50, 52, 53
孤立特異点, 190
コンドルセ, 180

■ さ 行
サイクロイド, 79, 95, 96, 103
最小数, 36
最大数, 35
搾出法, 118

軸, 113
実数の連続性, 20, 22, 102
従属変数, 66, 73, 108
シュタイナー, 36

上界, 35
上限, 35
ジョルダン, 5
ジョルダン曲線, 168
『新式算術講義』, 26, 32, 34
真性特異点, 190, 192
『新撰算術』, 26, 32

『数学解析教程』, 63
『数学解析第一編 微分積分学』, x, 5
杉浦光夫, 50

整型, 179
整型関数, 165
正弦関数, 174
正接関数, 174
正則関数, 165
正則な解析関数, 164, 179
正則領域, 183, 193
積分, 122, 125, 131
『積分計算教程』, 120, 125
切除線, 113

『増訂 解析概論 微分積分法及初等函數論』, 3

■ た 行
代数学の基本定理, 145, 147
代数関数, 115
代数的演算, 143
代数的表示式, 143
対数の無限多価性, 156
高木貞治, x, 1
タルタリア, 143
単性解析関数, 184, 189, 191
単連結, 186

中間値の定理, 79, 85
調和級数, 55

『追想 高木貞治先生』, 4

定積分, 132
『定本 解析概論』, x, 3

テイラー展開, 170
ディリクレ, 14, 68, 115, 127
ディリクレの関数, 67, 74, 75, 104, 132
定量, 64
デカルト, 19, 147
デデキント, x, 14, 20–24, 34, 50, 52, 85, 92, 114
デデキントの切断, 20
デデキントの定理, 21, 22, 35, 37, 40, 43, 45, 47, 48
デュレージ, 26
デル・フェッロ, 143

導関数, 88, 130
独立変数, 66, 73, 108

■ な行
ニュートン, 59, 60, 88

『熱の解析的理論』, 14, 110, 111, 115

■ は行
バーゼルの問題, 55, 56
ハイネ, 34
ハイネの定理, 127

ピカール, 5
ピタゴラスの定理, 19, 96
微分, 90
微分可能性, 87
『微分計算教程』, 73
微分係数, 88
微分商, 88, 92, 94
微分積分法の基本公式, 133

ブーケ, 180
フーリエ, 14, 74, 105, 110, 113–115, 127
フーリエ級数, 50, 68, 74, 105, 110, 112, 115, 116
フェラリ, 143
藤原松三郎, x, 5

不定積分, 121, 129, 133
ブリオ, 180
分岐点, 192

ペアノ, 78
ペアノ曲線, 78
平均値の定理, 102
ベッセル, 186
ベルヌーイ兄弟, 64, 88, 89, 92, 95, 109, 120, 122
ベルヌーイの美しい発見, 148
ペロン, 36
変化量, 41, 64, 65
変数, 65

ポアンカレ, x, 34, 57, 61, 72, 74, 75, 77, 78, 80, 106
ボルツァーノ, 83

■ ま行
マクローリン展開, 173

『無限解析序説』, x, 10, 22, 43, 64, 77, 78, 130, 147, 157, 159
『無限小計算に関して王立理工科学校で行われた講義の要約』, 133
無限小直角三角形, 99
無限小量, 94
無限大数, 43

メレー, 34
メンケ, 122

森繁雄, 4
モレラ, 178
モレラの定理, 178

■ や行
ヤコブ・ベルヌーイ, 55, 60, 109, 125

有界変動, 97
有理型関数, 190, 192

有理型領域, 193
有理数のコーシー列, 51, 54
有理数の切断, 30, 44, 51

余弦関数, 174
吉江琢兒, 30
ヨハン・ベルヌーイ, 10, 55, 89, 109, 147, 148

■ ら行

ライプニッツ, 19, 56, 59, 60, 64, 88, 89, 92, 94, 98, 99, 109, 120, 122
『ライプニッツとヨハン・ベルヌーイの哲学および数学書簡集』, 159
ライプニッツの級数, 56
ラグランジュ, 10, 19, 92, 102, 130, 131, 163, 180
ラグランジュの平均値の定理, 102

リーマン, 14, 71, 115, 127, 132, 162
リーマン積分, 135, 136, 138
リーマンの和, 126
リンデマン, 18

ルベーグ, 135
ルベーグ積分, 135, 136, 138

連続関数, 70, 71, 124
『連続性と無理数』, x, 14, 23, 27, 30, 50, 52

ロールの定理, 101
ロピタル, 10, 25

■ わ行

ワイエルシュトラス-ボルツァーノの定理, 83
ワイエルシュトラスの逐次分割論法, 83
ワイエルシュトラスの定理, 81

［著者紹介］

高瀬正仁（たかせ まさひと）

昭和26年(1951年)　群馬県勢多郡東村(現在,みどり市)に生まれる.
　　　　　　　　　数学者・数学史家.専攻は多変数関数論と近代数学史.元 九州大学 教授.
　　　　　　　　　歌誌『風日』同人.
平成20年(2008年)　九州大学全学教育優秀授業賞受賞.
平成21年(2009年)　2009年度日本数学会賞出版賞受賞.

著訳書　『リーマンと代数関数論』(東京大学出版会, 2016)
　　　　『高木貞治とその時代：西欧近代の数学と日本』(東京大学出版会, 2014)
　　　　『岡潔とその時代：評傳岡潔：虹の章1：正法眼蔵』(みみずく舎, 2013)
　　　　『岡潔とその時代：評傳岡潔：虹の章2：龍神温泉の旅』(みみずく舎, 2013)
　　　　『古典的難問に学ぶ微分積分』(共立出版, 2013)
　　　　『ガウスの《数学日記》』(翻訳・解説, 日本評論社, 2013)
　　　　他多数

| 古典的名著に学ぶ微積分の基礎 | 著　者　高瀬正仁　Ⓒ 2017 |

Foundation of Calculus Learning from Ancient and Modern Classics

発行者　南條光章

発行所　共立出版株式会社
　　　　郵便番号 112-0006
　　　　東京都文京区小日向 4-6-19
　　　　電話　(03) 3947-2511 (代表)
　　　　振替口座　00110-2-57035
　　　　URL http://www.kyoritsu-pub.co.jp/

2017 年 8 月 15 日　初版 1 刷発行

印　刷　錦明印刷
製　本　ブロケード

一般社団法人
自然科学書協会
会員

検印廃止
NDC 413.3, 410.2
ISBN 978-4-320-11320-6

Printed in Japan

JCOPY ＜出版者著作権管理機構委託出版物＞
本書の無断複製は著作権法上での例外を除き禁じられています．複製される場合は，そのつど事前に，
出版者著作権管理機構（TEL：03-3513-6969，FAX：03-3513-6979，e-mail：info@jcopy.or.jp）の
許諾を得てください．

新井仁之・小林俊行・斎藤　毅・吉田朋広 編

「数学探検」「数学の魅力」「数学の輝き」の三部構成からなる新講座創刊！

共立講座

数学の基礎から最先端の研究分野まで現時点での数学の諸相を提供！！

数学探検 全18巻
数学を自由に探検しよう！

数学の魅力 全14巻 別巻1
確かな力を身につけよう！

数学の輝き 全40巻 予定
専門分野の醍醐味を味わおう！

数学探検

1. 微分積分　吉田伸生著‥‥2017年9月発売予定
2. 線形代数　戸瀬信之著‥‥‥‥‥‥‥続刊
3. 論理・集合・数学語　石川剛郎著‥‥206頁・本体2300円
4. 複素数入門　野口潤次郎著‥160頁・本体2300円
5. 代数入門　梶原 健著‥‥‥‥‥‥‥続刊
6. 初等整数論　数論幾何への誘い　山崎隆雄著‥‥252頁・本体2500円
7. 結晶群　河野俊丈著‥‥204頁・本体2500円
8. 曲線・曲面の微分幾何　田崎博之著‥‥180頁・本体2500円
9. 連続群と対称空間　河添 健著‥‥‥‥‥‥続刊
10. 結び目の理論　河内明夫著‥‥240頁・本体2500円
11. 曲面のトポロジー　橋本義武著‥‥‥‥‥‥‥続刊
12. ベクトル解析　加須栄篤著‥‥‥‥‥‥‥続刊
13. 複素関数入門　相川弘明著‥‥260頁・本体2500円
14. 位相空間　松尾 厚著‥‥‥‥‥‥‥続刊
15. 常微分方程式の解法　荒井 迅著‥‥‥‥‥‥‥続刊
16. 偏微分方程式の解法　石村直之著‥‥‥‥‥‥‥続刊
17. 数値解析　齊藤宣一著‥‥212頁・本体2500円
18. データの科学　山口和範・渡辺美智子著‥続刊

数学の魅力

1. 代数の基礎　清水勇二著‥‥‥‥‥‥‥続刊
2. 多様体入門　森田茂之著‥‥‥‥‥‥‥続刊
3. 現代解析学の基礎　杉本 充著‥‥‥‥‥‥‥続刊
4. 確率論　髙信 敏著‥‥320頁・本体3200円
5. 層とホモロジー代数　志甫 淳著‥‥394頁・本体4000円
6. リーマン幾何入門　塚田和美著‥‥‥‥‥‥‥続刊
7. 位相幾何　逆井卓也著‥‥‥‥‥‥‥続刊
8. リー群とさまざまな幾何　宮岡礼子著‥‥‥‥‥‥‥続刊
9. 関数解析とその応用　新井仁之著‥‥‥‥‥‥‥続刊
10. マルチンゲール　高岡浩一郎著‥‥‥‥‥‥‥続刊
11. 現代数理統計学の基礎　久保川達也著‥‥324頁・本体3200円
12. 線形代数による多変量解析　柳原宏和・山村麻理子他著‥‥続刊
13. 数理論理学と計算可能性理論　田中一之著‥‥‥‥‥‥‥続刊
14. 中等教育の数学　岡本和夫著‥‥‥‥‥‥‥続刊
別. 「激動の20世紀数学」を語る　猪狩 惺・小野 孝他著‥‥続刊

「数学探検」各巻：A5判・並製
「数学の魅力」各巻：A5判・上製
「数学の輝き」各巻：A5判・上製
※続刊の書名、執筆者、価格は変更される場合がございます
(税別本体価格)

数学の輝き

1. 数理医学入門　鈴木 貴著‥‥270頁・本体4000円
2. リーマン面と代数曲線　今野一宏著‥‥266頁・本体4000円
3. スペクトル幾何　浦川 肇著‥‥350頁・本体4300円
4. 結び目の不変量　大槻知忠著‥‥288頁・本体4000円
5. $K3$ 曲面　金銅誠之著‥‥240頁・本体4000円
6. 素数とゼータ関数　小山信也著‥‥300頁・本体4000円
7. 確率微分方程式　谷口説男著‥‥236頁・本体4000円
8. 粘性解　比較原理を中心に　小池茂昭著‥‥216頁・本体4000円
9. 3次元リッチフローと幾何学的トポロジー　戸田正人著‥‥328頁・本体4500円
10. 保型関数　古典理論とその現代的応用　志賀弘典著‥‥288頁・本体4300円
11. D 加群　竹内 潔著‥‥328頁・本体4500円

●主な続刊テーマ●
岩澤理論‥‥‥‥‥‥尾崎 学著
楕円曲線の数論‥‥‥‥小林真一著
ディオファントス問題‥‥平田典子著
保型形式と保型表現‥‥‥池田 保他著
可換環とスキーム‥‥‥‥小林正典著
有限単純群‥‥‥‥‥‥北詰正顕著
代数群‥‥‥‥‥‥‥‥庄司俊明著
カッツ・ムーディ代数とその表現
‥‥‥‥‥‥‥‥‥山田裕史著
リー環の表現論とヘッケ環　加藤 周他著
リー群のユニタリ表現論‥平井 武著
対称空間の幾何学‥‥‥田中真紀子他著
非可換微分幾何学の基礎　前田吉昭他著
シンプレクティック幾何入門　高倉 樹著
力学系‥‥‥‥‥‥‥‥林 修平著
多変数複素解析‥‥‥‥‥辻 元著

※本三講座の詳細情報を共立出版公式サイト「特設ページ」にて公開・更新しています。

共立出版

http://www.kyoritsu-pub.co.jp/
 https://www.facebook.com/kyoritsu.pub